# Die Psyche des Hundes

*Für Rambo.*

„Es ist so leicht, andere, und so schwierig, sich selbst zu belehren.“
(Oscar Wilde)

*Und für Ripley, Bones und Dr. No.*

ROBERT MEHL

# Die Psyche des Hundes

WIE PROZESSE IM GEHIRN DAS VERHALTEN STEUERN

MIT KOSMOS MEHR ENTDECKEN

**Komplexe Zusammenhänge anschaulich erklärt**

SEIT 1822

KOSMOS

# INHALT

KAPITEL 1

# EINBLICKE IN DAS GEHIRN

Wozu braucht man neuroanatomisches Wissen, wenn man verstehen will, warum ein Hund Angst vor Silvester hat, die Nachbarskatze jagt oder an der Leine zieht?

Wenn wir Verhalten wirklich verstehen wollen, müssen wir das Organ verstehen, welches bei Säugetieren das Verhalten steuert: das Gehirn. Das Gehirn ist jedoch kein einheitliches Organ, es besteht aus vielen verschiedenen Teilen mit ganz verschiedenen Aufgaben. Ähnlich wie Instrumente in einem Orchester zusammenarbeiten, um eine Sinfonie erklingen zu lassen, bringt das harmonische Zusammenspiel der Hirnteile Erleben und Verhalten hervor. Die Hirnstrukturen tragen lateinische Namen. Davon darf man sich nicht einschüchtern lassen. Es ist nicht notwendig, die Hirnstrukturen auswendig zu lernen, es reicht, sich die Begriffe bis zum Ende eines Kapitels zu merken, um zu wissen, über welche Hirnteile wir gerade sprechen und wer mit wem kommuniziert. Ein bisschen ist das wie eine Seifenoper. Wir versuchen zu verstehen, wer mit wem in welchem Verhältnis steht und wie sich alle gegenseitig manipulieren.

Um die folgenden Abschnitte nicht in eine reine Aufzählung anatomischer Begriffe zu verwandeln, werden wir von jeder beschriebenen Struktur schon einige ihrer wichtigsten Funktionen kennenlernen. Diese Funktionen müssen wir uns jetzt noch nicht merken, sie erschließen sich viel deutlicher, wenn wir in späteren Kapiteln ganze Funktionssysteme, wie z. B. das Stresssystem, betrachten.

## ANATOMISCHE GROBGLIEDERUNG DES NERVENSYSTEMS

Das Nervensystem der Säugetiere gliedert sich in einen zentralen und einen peripheren Bestandteil. Zum zentralen Nervensystem (ZNS) gehören Gehirn und Rückenmark. Der Begriff „zentral" sagt es schon: Hier laufen Informationen zusammen, werden verarbeitet und von hier gehen Steuerbefehle aus. Das ZNS beinhaltet den Großteil der Nervenzellkörper, die untereinander mithilfe von Nervenfasern kommunizieren. Das periphere Nervensystem (PNS) besteht dagegen überwiegend aus Nervenfaserbündeln und den peripheren Nervenzellkörpern. Es leitet die Steuerbefehle in die Peripherie des Körpers, also von Gehirn und Rückenmark ausgehend in die Muskeln und inneren Organe. Umgekehrt empfängt das ZNS über das PNS auch Informationen von der Körperoberfläche und den Muskeln, Gelenken und inneren Organen.

Nehmen wir zunächst das Gehirn aus seiner knöchernen Schädelhülle und betrachten es von außen (s. Abb. 1). Wir sehen das Rückenmark, welches vom Gehirn ausgehend Richtung Schwanz herunterhängt, und das Gehirn selbst, das schon von außen sichtbar in verschiedene Teile gegliedert ist. Beginnend beim Rückenmark werden wir diese Teile nun nacheinander kennenlernen.

## Das Rückenmark

Das Rückenmark beginnt am unteren Ende des Gehirns am verlängerten Rückenmark, der sogenannten Medulla oblongata (s. Abb. 2 u. 3). Das Rückenmark ist in den Wirbelkanal eingebettet, an dessen unteren Ende Nervenfaserbündel als sogenannte Cauda equina (Pferdeschwanz) austreten. Diese können durch krankhafte Veränderungen gequetscht werden, was zu den typischen Symptomen führt (Schmerzen, Lähmungen). Aber auch zwischen den Wirbelkörpern treten entlang der gesamten Wirbelsäule Nervenfasern aus. Das spüren Hunde beispielsweise bei einem Bandscheibenvorfall. Sind sie jedoch gesund, leiten die Nervenfasern Impulse des Gehirns an den Körper weiter und umgekehrt Informationen aus dem Körper zurück an das Gehirn.

Im Rückenmark gibt es neben den Nervenfasern auch Nervenzellkörper. Einige von ihnen sind die letzte Durchgangsstation, bevor motorische Impulse das ZNS Richtung Skelettmuskulatur verlassen. Sie sind sozusagen die letzte Schaltstelle, bevor aus den unsichtbaren Prozessen im Organismus sichtbares Verhalten wird. Eine andere Gruppe von Rückenmarksneuronen nimmt sensorische Impulse aus dem Körper auf. Sie ist die erste Schaltstelle, in der Signale aus den Sinneszellen des Körpers verarbeitet und weiter Richtung Gehirn geschickt werden.

Daraus leiten sich die zwei Aufgaben des Rückenmarks ab. Erstens transportiert es Informationen zwischen Körper und Gehirn.

Die zweite Aufgabe des Rückenmarks besteht darin, Informationen auf einfache Weise zu verarbeiten. Auf dieser Grundlage kann das Rückenmark Reflexe hervorbringen, an denen das Gehirn zunächst nicht beteiligt ist. Man unterscheidet Eigen- und Fremdreflexe. Bei Eigenreflexen wird die Reaktion in dem Organ ausgelöst, welches gereizt wurde. Wird ein Muskel kurz gedehnt, z. B. durch einen Schlag auf die Sehne, registriert ein Dehnungsrezeptor dies und sendet elektrische Signale an eine Nervenzelle im Rückenmark. Diese gibt die elektrische Erregung über eine einzige Verbindung (monosynaptisch) an eine zweite Nervenzelle im Rückenmark weiter, die ihrerseits mit einem elektrischen Signal den Muskel stimuliert, der gedehnt wurde, sodass er sich nun zusammenzieht (Beispiel: Kniesehnenreflex beim Menschen). Aufgrund der monosynaptischen Verschaltung ist die Reflexzeit sehr kurz (ca. 10 ms) und die Ermüdung bei Wiederholung nur gering. Bei Fremdreflexen erfolgt die Reaktion durch ein anderes Organ als jenes, welches gereizt wurde. Hier sind mehr als zwei Nervenzellen auf unterschiedlichen Ebenen des Rückenmarks beteiligt (polysynaptisch). Dadurch ist die Reflexzeit vergleichsweise lang (ca. 50–150 ms) und die Ermüdbarkeit bei Wiederholung hoch. Zu den Fremdreflexen gehören einfache Schutzreflexe. Werden beispielsweise Hautrezeptoren am Fuß durch einen Tritt in eine Glasscherbe gereizt, wird mithilfe von Anspannung einiger Muskelgruppen und koordinierter Entspannung antagonistischer Muskeln das Bein gehoben, um es von der Reizquelle zu entfernen.

Sowohl bei Eigen- als auch bei Fremdreflexen werden gleichzeitig auch Informationen über den Vorfall zum Gehirn geleitet, sodass uns letztlich (nach vielen Umschaltungen innerhalb des Gehirns) bewusst wird, dass uns jemand mit dem Hämmerchen auf das Knie geschlagen und daraufhin unser Bein gezuckt hat oder wir in eine Glasscherbe getreten sind und gerade noch den Fuß wegziehen konnten. Da das Gehirn lediglich informiert wird, kann es wie ein Beifahrer nur zusehen, wie der Körper sich schon in Sicherheit bringt. Es kann Schutzreflexe jedoch nachträglich modifizieren, ihre Stärke abschwächen oder eine Abwehrbewegung umlenken.

## Das Gehirn

Nachdem wir nun das Rückenmark entfernt haben, halten wir das Gehirn in der Hand (s. Abb. 1). Einige Hirnteile sehen wir erst, wenn wir das Gehirn entlang der Mittellinie spalten und eine Hirnhälfte beiseite legen. Wir blicken dann von der Seite in die übrig gebliebene Hirnhälfte (s. Abb. 2 für ein Hundehirn u. Abb. 3 für ein menschliches Gehirn). Wenn wir das Gehirn von oben, unten und von der Seite betrachten, sehen wir seine unterschiedlichen Abschnitte: Medulla oblongata (verlängertes Mark), Pons (Brücke), Mesenzephalon (Mittelhirn), Dienzephalon (Zwischenhirn), Cerebellum (Kleinhirn), Telenzephalon (Großhirn, Endhirn). Diese Einteilung wurde aufgrund morphologischer, funktionaler und entwicklungsgeschichtlicher Unterschiede zwischen den grob sichtbaren Hirnstrukturen getroffen. Der Aufbau des Gehirns ist bei verschiedenen Säugetierarten ähnlich und so vergleichbar, dass Erkenntnisse aus Tierexperimenten an den Gehirnen von Nagetieren, Primaten, Katzen und Hunden sich i. d. R. erfolgreich auf den Menschen übertragen lassen.

## Das Großhirn

Das Großhirn macht den größten Teil des Gehirns aus und ist in interessante funktionell und anatomisch verschiedene Gebiete unterteilt, denen wir jeweils ein eigenes Kapitel widmen. Es ist der Teil des Gehirns, der Motivation und Emotion hervorbringt, Aufmerksamkeit und Gedächtnis, Persönlichkeit und Sozialverhalten, Handlungsplanung und Bewegung, und letztlich Bewusstsein.

Seine beiden Hälften sind durch einen tiefen Spalt getrennt und unterhalb des Spaltes durch den Balken (Corpus callosum, s. Abb. 2) verbunden. Der Balken ist die Datenautobahn, über die beide Hirnhälften kommunizieren.

Die Oberfläche des Großhirns ist bei Hunden wie bei Menschen stark gefurcht. Die Ursache dafür erkennen wir mithilfe eines Papiertaschentuchs. Glatt ausgebreitet nimmt es eine große Fläche ein. Wenn wir es nun in ein Überraschungsei stecken möchten, dann knüllen wir es zusammen und erzeugen dabei Wülste und Furchen auf der Oberfläche unseres Taschentuchballs. Je größer die Oberfläche des Großhirns einer Spezies ist, desto stärker muss sie gefurcht sein, um in den engen Raum des Schädels zu passen. Diese Oberfläche besteht u. a. aus den Nervenzellen (Neurone). Die Anzahl der Neurone wächst mit dem Ausmaß der Informationsverarbeitung. Es deutet sich also bereits in der starken Furchung ihres Großhirns an, dass Hunde zu ganz erstaunlichen kognitiven Leistungen in der Lage sind. Um besser zu verstehen, was „viele Neurone“ bedeutet, bietet sich ein weiterer Vergleich an. Ein einziges menschliches ZNS besteht aus so vielen Nervenzellen, wie es Sterne in unserer Galaxis gibt, und es wird geschätzt, dass diese Neurone untereinander so viele Verbindungen bilden, wie es Sterne im gesamten Universum gibt. Jeder Mensch – und sicherlich auch jeder Hund – hat also sein eigenes Universum im Kopf, zumindest was die unvorstellbare Komplexität der Informationsverarbeitung angeht, die letztlich sogar Bewusstsein hervorbringt (s. Kapitel 9).

## Das Kleinhirn

Die Furchen sind ein guter Anhaltspunkt, um den nächsten Hirnteil zu identifizieren: das Kleinhirn, mit seinen schmaleren Wülsten und Furchen. Teilt man das Gehirn entlang der beiden Hirnhälften mit einer Axt und entfernt eine Hälfte, dann kann man von der Seite in die übrig gebliebene Hirnhälfte hineinsehen. In dieser Ansicht ähnelt das Kleinhirn einem halbierten Blumenkohl, der oben auf dem verlängerten Rückenmark und der Pons sitzt (s. Abb. 3). Trotz seiner geringen Größe enthält es einen Großteil aller Nervenzellen.

Das Kleinhirn übernimmt verschiedene Funktionen. Obwohl es keine direkte Verbindung zum Rückenmark hat, ist es beteiligt am Erlernen, der Koordination und der Feinabstimmung von Bewegungsabläufen, d. h. von sichtbarem Verhalten. Dazu erhält es Informationen über den Bewegungszustand der Gliedmaßen, die Muskelspannung, den Gleichgewichtszustand und die Lage des Körpers. Darüber hinaus senden die motorischen Zentren der Großhirnrinde Kopien ihrer Bewegungsprogramme an das Kleinhirn. Das Kleinhirn integriert die Programme für verschiedene Einzelbewegungen zu zeitlich aufeinander abgestimmten Gesamtabläufen, korrigiert gegebenenfalls die Programme und sorgt so dafür, dass Bewegungen möglichst effizient und fehlerfrei ausgeführt werden.

Das Kleinhirn ist außerdem an bestimmten impliziten Lernprozessen beteiligt, u. a. an der klassischen Konditionierung und am prozeduralen Lernen von automatisierten Bewegungsabläufen. Für die Freunde des Clickertrainings und des Dogdancings ist das Kleinhirn also ein ganz wichtiges Hirngebiet.

### Der Pons – die Brücke im Gehirn

Unterhalb des Kleinhirns liegt die Pons oder Brücke (s. Abb. 2 u. 3). Sie enthält viele Fasern, die von den Brückenkernen (Nervenzellverbänden in der Pons) ins Kleinhirn ziehen. Außerdem laufen hier Nervenfasern durch, die vom Großhirn ins Rückenmark ziehen. Es handelt sich um so etwas wie ein Autobahnkreuz.

Darüber hinaus liegen hier wichtige Hirnnervenkerne. Die Hirnnerven sind Faserbündel, die aus dem Gehirn aus- bzw. ins Gehirn eintreten. Sie sind mit römischen Zahlen nummeriert und haben spezifische Aufgaben. So bündelt z. B. der Nervus vestibulocochlearis (VIII) die sensorischen Nervenfasern, die aus dem Gleichgewichtsorgan (Labyrinth) im Innenohr sowie aus der Hörschnecke (Cochlea) austreten, und führt diese ins Gehirn. Der Nervus facialis (VII) versorgt motorisch große Teile der Gesichtsmuskulatur sowie Drüsen im Gesicht (u. a. Tränendrüsen, Drüsen der Nasenschleimhaut, Speicheldrüsen). Seine sensorischen Anteile sind an der Geschmackswahrnehmung beteiligt. Der Nervus trigeminus (V), als letztes Beispiel, ist motorisch u. a. für die Kaumuskulatur zuständig und führt bei Entzündungen zu unerträglichen Schmerzen.

### Medulla oblongata

Unterhalb der Pons schließt sich die Medulla oblongata (verlängertes Mark, s. Abb. 3) an, die fließend ins Rückenmark übergeht. Auch hier ziehen Nervenfasern aus dem Gehirn ins Rückenmark durch und umgekehrt, ähnlich einer vielspurigen Autobahn.

Auch in der Medulla oblongata liegen Hirnnervenkerne. Besonders hervorzuheben ist der Nervus vagus (X), der lebenswichtige Funktionen bei der vegetativen Steuerung übernimmt. Er ist der größte Nerv des parasympathischen Nervensystems, zuständig für Ruhe und Erholung. Er steuert motorisch u. a. die Eingeweide des Bauchraumes, Herz und Kehlkopfmuskeln und empfängt Informationen u. a. aus Eingeweiden, Rachen und Ohr.

In der Medulla oblongata liegen außerdem Zentren für Würgereflexe und Erbrechen, Saug- und Schluckreflexe, Husten- und Niesreflexe, für die Regulation der Atmung und des Blutkreislaufs sowie Zentren, die an der Regulation des Schlaf-Wach-Zyklus beteiligt sind.

### Formatio reticularis

Wir haben uns auf unserer absteigenden Reise durch das Nervensystem weit vom Großhirn entfernt. Um uns jetzt dem Mittelhirn zu nähern, folgen wir der aus der Medulla oblongata durch die Pons bis ins Mittelhirn aufsteigenden Formatio reticularis. Sie bildet den inneren Teil des Hirnstamms. Hier finden sich, neben den schon zu erwartenden durchziehenden Bahnen zwischen anderen Hirnteilen und Rückenmark, zahlreiche interessante Kerngebiete.

Da sind zum einen die Raphe-Kerne (s. Abb. 4). Dies sind Ansammlungen von Nervenzellkörpern, die in einem länglichen Gebiet in der Formatio reticularis verstreut sind. Die Neurone der Raphe-Kerne produzieren den Neurotransmitter Serotonin und ihre Fortsätze ziehen in weite Bereiche des Gehirns. Serotonin hat im Gehirn an zahlreichen Stellen eine anregende bzw. hemmende Wirkung und kann somit Einfluss nehmen auf die Wirkung anderer Signale, indem es diese abschwächt oder verstärkt. Die immense Bedeutung der Raphe-Kerne für Tiere und Menschen liegt in ihrer Beteiligung am Schlaf-Wach-Zyklus (Zerstörung der Raphe-Kerne führt zu Schlaflosigkeit) und der Schmerzverarbeitung (elektrische Stimulation eines bestimmten Kerns führt zur Aufhebung der Schmerzempfindung). Darüber hinaus sind die Raphe-Kerne durch ihre Verbindungen zum limbischen System auch an den emotionalen Zuständen des Individuums beteiligt.

Ein weiterer interessanter Kern in der Formatio reticularis ist der Locus coeruleus (himmelblauer Kern, s. Abb. 5). Dies ist ein längliches Kerngebiet, dessen Nervenzellen Noradrenalin produzieren. Seine Aktivität sorgt für die Aktivierung des gesamten Nervensystems im Sinne einer unspezifischen, großräumigen Erregungssteigerung (Wachheit). Er spielt darüber hinaus eine wichtige Rolle bei der Lenkung der Aufmerksamkeit.

In der Formatio reticularis liegen wichtige Kerngebiete des sogenannten ARAS (**A**ufsteigendes **R**etikuläres **A**ktivierendes **S**ystem), welches die Erregung des gesamten Nervensystems beeinflusst. Um es mir leichter zu merken, stelle ich mir zwei Aras (Papageien) vor, die auf meinen Schultern sitzen, mir von rechts und links ins Ohr kreischen und so meine Aufregung steigern. Beeinflusst werden sie unter anderem von den Raphe-Kernen (Serotonin) und dem Locus coeruleus (Noradrenalin).

Durch weitere Verschaltungen innerhalb der Formatio reticularis nimmt diese Struktur auch Einfluss auf Kreislaufregulation und Atmung. Sie filtert darüber hinaus eingehende Reize aus den Sinnesorganen. Nur Reize, die den Filter passieren, können Veränderungen in der Wachheit und Aufmerksamkeit des Individuums auslösen, die zu unmittelbaren Reaktionen führen. Andere Reize können passieren, bleiben aber auf der Verhaltensebene oft folgenlos. Impulse aus der Formatio reticularis, die Richtung Körper absteigen, haben je nach Situation erregende oder hemmende Wirkung auf den Ruhetonus der Skelettmuskulatur. Rhythmische Bewegungsmuster, wie sie z. B. beim Laufen auftreten, stehen ebenfalls in Zusammenhang mit Impulsen aus der Formatio reticularis. Darüber hinaus steuert die Struktur Augen- und Kopfbewegungen, die mit der Orientierung auf neue Reize auftreten.

### Das Mittelhirn

Oberhalb der Pons liegt das Mittelhirn (s. Abb. 2). Um es nicht mit dem Zwischenhirn zu verwechseln, kann man sich merken, dass das Zwischenhirn zwischen den beiden Großhirnhälften liegt, oberhalb des Mittelhirns.

Auch durch das Mittelhirn laufen die Nervenfaserautobahnen, die wir schon kennen. Darüber hinaus besteht auch das Mittelhirn aus vielen verschiedenen Strukturen, von denen einige besonders interessant sind.

Zum einen finden wir auf der Rückseite (oberhalb des Kleinhirns Richtung Großhirn) die Vierhügelplatte. Diese besteht aus zwei unteren Hügeln (Colliculi caudales; beim Menschen Colliculi inferiores) und zwei oberen Hügeln (Colliculi rostrales; beim Menschen Colliculi superiores). Die oberen Hügel sind eine wichtige Schaltstelle des optischen Systems. Signale, die aus der Netzhaut in die Colliculi rostrales weitergeleitet werden, können schnelle Augen- und Kopfbewegungen auslösen, wodurch in der Peripherie des Gesichtsfeldes auftauchende Reize schnell auf den Punkt des schärfsten Sehens in der Netzhaut gebracht werden. Die unteren Hügel sind mit dem auditorischen System verbunden.

Einige Hirnnervenkerne liegen im Mittelhirn, z. B. die des Nervus oculomotorius (III), der für Augenbewegungen nach innen, oben, unten und außen-oben zuständig ist sowie für die Krümmung der Linse (Akkommodation – wichtig zum Scharfsehen) und die Veränderung der Pupillenweite, die den Lichteinfall reguliert.

Darüber hinaus liegt noch ein weiterer interessanter Kern im Mittelhirn. Das zentrale Höhlengrau (periaquäduktales Grau) spielt eine wichtige Rolle bei der Schmerzwahrnehmung und -unterdrückung und der Verarbeitung externer bedrohlicher Reize. Er ist damit an der Stressverarbeitung unmittelbar beteiligt.

### Das Zwischenhirn

Das Zwischenhirn ist die letzte Station unserer Reise durch das ZNS. Im Gegensatz zu tiefer liegenden Hirnteilen ist das Zwischenhirn fähig, Informationen auf einem höheren Komplexitätsniveau zu verarbeiten. Einerseits finden wir hier Strukturen für die Filterung und weitere Verarbeitung von Sinnesreizen und andererseits für die Koordination und Steuerung der vegetativen Funktionen des Körpers, insbesondere in Verbindung mit emotionalen und motivationalen Zuständen. Einerseits bemerkt der Rüde mithilfe dieser Strukturen den Geruch und Anblick der läufigen Hündin, andererseits werden hier die körperlichen Anpassungen initiiert, die ihm ggf. den Paarungsakt ermöglichen (Anstieg von Puls, Atemfrequenz und Blutdruck, Steigerung der Durchblutung der Genitalien). Eine weitere Struktur im Zwischenhirn sorgt im Anschluss daran für den ungestörten Nachtschlaf.

Zum Zwischenhirn gehören der Thalamus, der Hypothalamus und der Epithalamus (s. Abb. 3).

**DER THALAMUS** ist eine paarige Struktur mit zwei Anteilen, einem auf der rechten, einem auf der linken Seite des Gehirns, die über eine schmale Brücke, die interthalamische Adhäsion, verbunden sind. Bedeutsame Veränderungen der Dicke dieser Brücke treten im Verlauf der Hirnentwicklung auf sowie auch bei Abbauprozessen wie der Caninen Cognitiven Dysfunktion (CCD), einer Demenzerkrankung bei Hunden.

Der Thalamus heißt Thalamus, weil alles durch den Thalamus muss. Er ist das Tor zum Bewusstsein. Alle aus den Sinnesorganen, mit Ausnahme des Geruchssinns, kommenden Signale werden hier vorverarbeitet und gegebenenfalls aussortiert. Nur Signale, die die Filter des Thalamus passieren, können zum Großhirn gelangen und dort bewusst werden. Die zweite wesentliche Funktion des Thalamus besteht darin, Erregungszustände, die aus der Formatio reticularis stammen, ans Großhirn weiterzugeben. Damit spielt der Thalamus eine wichtige Rolle bei der Steuerung von Schlaf- und Wachzuständen und der Aufmerksamkeitssteuerung, z. B. im Rahmen kognitiver Prozesse oder bei der Beachtung sensorischer Reize bzw. emotionaler Zustände. Nicht alle Reize führen zu einer gleichartigen Aktivierung der Großhirnrinde. Ein wachsamer Hund wird zum Beispiel ruhig weiterschlafen, wenn sein schlafendes Gehirn oben im Haus seine Besitzer über laut knarrende Dielen zum Klo gehen hört, während ein leises Geräusch an der Eingangstür ihn aus dem Schlaf aufschrecken lässt.

**DER HYPOTHALAMUS** heißt so, weil er unter (lat. „hypo") dem Thalamus liegt. Der Neuroanatom Trepel bezeichnet ihn als das „Innenministerium des Körpers", das oberste Integrationszentrum des vegetativen Nervensystems und der endokrinen Organe. Seine Aufgabe ist es, das lebenswichtige Gleichgewicht im Zusammenspiel aller Körperfunktionen aufrechtzuerhalten. Dazu passt er mithilfe des vegetativen Nervensystems die Körperfunktionen permanent an sich ändernde Anforderungen an, z. B. aufgrund von sich verändernden Umweltbedingungen (zu warm, zu kalt) sowie emotionalen (Angst, Wut, Freude) und motivationalen Zuständen (Hunger, Fortpflanzung). Der Hypothalamus ist sowohl mit den tiefer gelegenen Zentren des Hirnstamms verbunden, welche für die Aufrechterhaltung der lebenswichtigen Funktionen des Körpers zuständig sind, als auch mit dem höher gelegenen Großhirn und dem limbischen System. Hierdurch wird ermöglicht, dass psychische Vorgänge (wie Emotionen und Gedanken) Einfluss auf körperliche Vorgänge (wie Verdauung, Aktivität der Sexualorgane, Immunsystem, Blutdruck, Atmung und Puls) nehmen können. Unterhalb des Hypothalamus liegt die Hypophyse, über welche der Hypothalamus selbst Hormone ins Blut abgeben und so direkt und indirekt verschiedene Organe im Körper steuern kann (z. B. Milchdrüsen, Schilddrüse, Nebennierenrinde, Eierstöcke, Hoden).

**DER EPITHALAMUS** besteht aus der Epiphyse (Zirbeldrüse) und einigen damit verbundenen Strukturen (s. Abb. 6). Die Hauptaufgabe der Epiphyse ist es, Serotonin in Melatonin umzuwandeln. Melatonin ist ein „Zeitgeberhormon“, das dem Körper anzeigt, dass es Nacht ist. Auf diese Weise ist es entscheidend an der Aufrechterhaltung der sogenannten circadianen Rhythmen beteiligt. Die Aktivität der vegetativen Hirnzentren und vieler Organe und Gewebe im Körper schwankt im Tages- und Nachtverlauf, mit einem Rhythmus von ca. 24 Stunden (circadian). Dies führt z. B. zur Absenkung der Körpertemperatur in bestimmten Schlafphasen oder zur Erhöhung des Cortisolspiegels in den Morgenstunden unmittelbar vor dem Aufwachen. Darüber hinaus unterliegt die Melatoninproduktion bei vielen Tierarten und dem Menschen auch jahreszeitlichen Schwankungen, insbesondere auf den Teilen der Erde, wo der Lichteinfall sich im Jahresverlauf verändert. Bei vielen Tierarten wurde beobachtet, dass Melatonin die Freisetzung von Hormonen hemmt, die für das Sexualverhalten und die Entwicklung der Keimdrüsen wichtig sind. Dies könnte den Zusammenhang zwischen jahreszeitlichen Schwankungen im Lichteinfall und dem Sexualverhalten vieler Spezies erklären. Melatonin ist darüber hinaus in das Schlafverhalten eingebunden, welches wir in Kapitel 8 genauer betrachten werden.

## WICHTIGE STRUKTUREN DES GROSSHIRNS

Nachdem wir das Nervensystem nun grob gegliedert haben, kommen wir noch einmal zurück zum Großhirn. Diese Struktur ist so komplex und untergliedert sich in so viele Abschnitte, dass wir ihr hier ein eigenes Kapitel widmen.

Viele Verhaltensweisen des Hundes, die den Menschen interessieren – Sozialverhalten (bspw. aggressives Verhalten), störendes Verhalten (bspw. Jagen) und Störungen im Erleben (bspw. Ängste) und Verhalten (bspw. übermäßig impulsives Verhalten) –, sind nur mithilfe des Großhirns möglich. Daher ist ein Verständnis dieser Struktur unabdingbar für ein umfassendes Verständnis des Hundes selbst. Mithilfe des Großhirns kann der Hund Informationen miteinander verknüpfen (assoziieren), bewerten und vergleichen. Er bildet Gedächtnisinhalte und speichert Erinnerungen an seine Erfahrungen und sein Leben, die ihm helfen, in der Zukunft bessere Entscheidungen zu treffen.

### Die Großhirnrinde

Das Großhirn des Hundes ist wie das anderer Haussäugetiere und des Menschen auf der Oberfläche gefaltet. Das liegt daran, dass viele Millionen Nervenzellen in der Großhirnrinde (Cortex) eng gedrängt in Schichten übereinanderliegen, wie bei einem Papiertaschentuch. Soll das Taschentuch in ein Überraschungsei gesteckt werden, muss man es zerknüllen, wobei auf seiner Oberfläche jene Wülste und Furchen entstehen, die man auch beim Großhirn erkennt. Tierarten wie Vögel und Nager, deren Cortex glatt und ungefurcht ist, haben also weniger Nervenzellen und Faserverbindungen in dem engen Raum ihres Schädels unterzubringen. Mehr Nervenzellen und mehr Verbindungen untereinander bedeuten differenziertere Datenverarbeitung und bessere kognitive Leistungen.

Betrachten wir das Großhirn zunächst von oben, sehen wir die zwei Großhirnhälften (Hemisphären), die durch eine tiefe Furche (Fissura longitudinalis cerebri) voneinander getrennt sind. Jede Hemisphäre lässt sich weiter in 4 Lappen unterteilen: Frontallappen, Parietallappen, Temporallappen und Okzipitallappen.

**DER FRONTALLAPPEN** (Stirnlappen, s. Abb. 1) interessiert uns als Hundehalter besonders. Er ist insbesondere an der Planung und Ausführung von Willkürbewegungen, assoziativer Verarbeitung von Reizen und bestimmten Formen des Kurzzeitgedächtnisses beteiligt. Auch Persönlichkeit, Sozialverhalten, Selbstregulation und höhere kognitive Leistungen (kombinatorisches und planerisches Denken) stehen eng mit dem Frontalhirn in Verbindung, insbesondere mit dem präfrontalen Cortex, dem vorderen Bereich des Frontalhirns.

**DER OKZIPITALLAPPEN** (Hinterhauptlappen, s. Abb. 7 u. 8) verarbeitet u. a. visuelle Informationen und leitet diese vorverarbeitet an die Assoziationszentren in Parietal- und Temporallappen weiter.

**DER PARIETALLAPPEN** (Scheitellappen) verarbeitet Informationen aus den Sinneszellen für Temperatur, Druck- und Tastempfindungen und Schmerzreize aus dem Körper sowie Informationen aus dem Gleichgewichtsorgan (Vestibularapparat) im Innenohr. In assoziativen Zentren werden z. B. Seh- und Hörinformationen zusammengebracht, Bewegungen analysiert und Geschwindigkeiten abgeschätzt (s. Abb. 8, dorsaler Pfad).

**DER TEMPORALLAPPEN** (Schläfenlappen) spielt eine wichtige Rolle bei der Verarbeitung von akustischen Reizen. Beim Menschen liegen hier auch wichtige Zentren für die Sprachverarbeitung.

## EXKURS

Eine vergleichende Studie (Mensch-Hund) fand an vergleichbarer anatomischer Lage auch beim Hund eine Art „Sprachzentrum" im Temporallappen, in dem nicht nur Wörter und Laute von Hunden und Menschen gezielt verarbeitet werden, sondern auch der emotionale Gehalt der Lautäußerungen bewertet wird.

Eine weitere wichtige Aufgabe des Temporallappens ist die Verknüpfung von visueller Information mit gelernten Inhalten, sodass beispielsweise Gegenstände wiedererkannt werden können (s. Abb. 8, ventraler Pfad).

## Das Großhirnmark

Unterhalb der Schichten der Nervenzellen in der Großhirnrinde liegen die vielfältigen Faserverbindungen, die die Großhirnareale untereinander und mit tiefer gelegenen Hirnstrukturen vernetzen. Aufgrund ihrer Färbung werden sie als „weiße Substanz“ bezeichnet, in Abgrenzung zur Großhirnrinde mit ihren Nervenzellkörpern, der sogenannten „grauen Substanz“. Viele dieser Fasern bilden Strukturen (Datenautobahnen), die leicht zu identifizieren sind. Die auffälligste Datenautobahn ist der Balken (Corpus callosum, s. Abb. 2), über den die beiden Großhirnhälften miteinander verbunden sind und Informationen austauschen. Wird der Balken chirurgisch durchtrennt, weiß die rechte Hirnhälfte nicht mehr, was die linke tut und umgekehrt. Vor dem Balken liegt eine deutlich kleinere Datenlandstraße (Commissura rostralis, s. Abb. 2), über welche die entwicklungsgeschichtlich alten Hirnteile beider Hirnhälften, die u. a. für die Geruchsverarbeitung zuständig sind, miteinander kommunizieren. Daneben findet man im Großhirnmark Ansammlungen von Nervenzellkörpern, sogenannte „Kerngebiete“ (Nuclei), die Strukturen bilden, die aufgrund ihrer Bedeutung für Motorik, Gedächtnis, Antrieb und Emotion eine große Rolle bei der Entstehung psychischer Erkrankungen spielen.

## Die Basalganglien

Die Basalganglien (Nuclei basales) liegen im Marklager tief im Innern des Großhirns und setzen sich aus zwei Teilen zusammen: Striatum (Corpus striatum) und Pallidum (Globus pallidus). Zusammen spielen sie eine wichtige Rolle bei der Modulation jeder willkürlichen Bewegung, also fast dem gesamten sichtbaren Verhalten des Hundes. Ein kleiner Teil der Basalganglien ist in das Motivations- und Belohnungssystem eingebunden und entscheidend beteiligt an der operanten Konditionierung und der Entstehung von Suchtverhalten (Ventrales tegmentales Areal und Ncl. accumbens, s. Abb. 9).

Das Striatum, zu deutsch auch Streifenkörper, heißt so, weil es im Schnittbild gestreift erscheint. Es besteht selbst aus zwei Teilen, Nucleus caudatus und Putamen, die von Fasermassen (Capsula interna) getrennt werden. Entwicklungsgeschichtlich bildeten sie ursprünglich nur ein Kerngebiet, sind bei moderneren Spezies aber nur noch über schmale Verbindungen, die namensgebenden Streifen, miteinander verbunden. Das Striatum wirkt in erster Linie hemmend auf die Motorik und kann Bewegungsimpulse teilweise oder ganz unterdrücken. Motorikfördernde Anteile des Striatums finden sich jedoch ebenfalls. Das Striatum arbeitet eng mit dem Großhirn (Planung von Bewegungen) und dem Kleinhirn (Koordination von Bewegungen) zusammen. Es ist dadurch vor allem an motorischen, aber auch an kognitiven Lernvorgängen beteiligt und wird uns in Kapitel 6 wieder begegnen, wenn wir erforschen, wie das Gehirn des Hundes Verhalten (Bewegungen) hervorbringt. Das Pallidum liegt innen neben dem Striatum. Seine Hauptaufgabe ist es, fördernd auf Bewegungsimpulse einzuwirken. Es ist damit der Gegenspieler des Striatums bei der Steuerung der Motorik.

Ein wichtiges Kerngebiet für Hundehalter ist der Nucleus accumbens im vorderen Bereich des Striatums (s. Abb. 9). Diese Nervenzellen haben intensive Verbindungen mit dem limbischen System und sind eine wichtige Schaltstelle für die Entstehung von Verhalten (Bewegung) aus Emotion und Motivation (Antrieb). Der Neurotransmitter, der den Nucleus accumbens antreibt, ist Dopamin, das im ventralen tegmentalen Areal gebildet wird (s. Abb. 10). Der Nucleus accumbens ist Teil des sogenannten mesolimbischen Systems und relevant für Belohnungs- und Bestrafungsempfinden sowie für das Verlangen, bestimmte Handlungen durchzuführen, bis hin zur Entwicklung von Suchtverhalten, welches u. a. mit einer chronisch veränderten Dopaminausschüttung am Nucleus accumbens einhergeht.

### Das Limbische System

Auch wenn die Zusammenfassung unterschiedlicher Hirnstrukturen unter dem historischen Begriff des limbischen Systems von Neurowissenschaftlern kritisch diskutiert wird, wollen wir ihn hier weiter verwenden, da er Strukturen umfasst, die für Entstehung von Antrieb und Emotionen (Kapitel 5) und für das Lernen entscheidende Bedeutung haben. Insbesondere in der populärwissenschaftlichen Literatur findet man den Begriff häufig als Synonym für Hirnstrukturen, die Emotion und Antrieb hervorbringen. Das limbische System umfasst eine Reihe von Strukturen, die sich vom restlichen Cortex klar abgrenzen lassen und zuerst vom Neurologen Paul Broca beschrieben wurden (s. Abb. 3, dunkelgrau unterlegte Strukturen). Das lateinische Wort „Limbus" (Saum) beschreibt die Form dieses Gebietes als Ring, der sich um den Hirnstamm herum gebildet hat. Die wichtigsten Strukturen für Hundehalter sind die Amygdala, der Hippocampus und der Gyrus cinguli.

#### Die Amygdala

Die paarigen Kerngebiete, welche als Amygdalae (Corpus amygdaloideum, Mandelkerne) bezeichnet werden, liegen vor der Hippocampusformation, welche im nächsten Abschnitt besprochen wird. Hier beginnen alle emotionalen Probleme des Hundes.

Indem wir verstehen, von wem die Amygdala ihre Informationen bekommt, verstehen wir besser, durch welche Stimuli Gefühle ausgelöst werden. Die Amygdala untergliedert sich in kleine Kerngebiete mit unterschiedlichen Aufgaben. Ein Teil dieser Kerne (kortikomediale Subnuclei) bekommt Informationen u. a. aus dem Riechnerv und dem Hypothalamus (Innenministerium). Andere Kerngruppen (basolaterale Subnuclei) werden vom Thalamus (Filter), vom Frontal- und Temporallappen des Großhirns und dem Gyrus cinguli (Antrieb und Aufmerksamkeit, Konfliktverarbeitung) mit gut vorverarbeiteten sensorischen Informationen versorgt. Auf diese Weise können angenehme oder bedrohliche Reize, die aus dem Körperinnern stammen (Berührung, Hitze, Kälte, Schmerz) oder vom Riechsystem wahrgenommen werden, aber auch Gedanken, Erwartungen und innere Konflikte, Gefühle wie Angst, Wut, oder auch Vorfreude auslösen.

Indem wir verstehen, an wen die Amygdala ihrerseits Informationen sendet, verstehen wir die Rolle von Emotionen in der Psyche besser. Die Amygdala selbst beeinflusst neben den oben genannten Strukturen, von denen sie selbst Informationen erhält, u. a. auch den Hypothalamus („Innenministerium") und tiefer gelegene Hirnareale, welche die vegetativen Körperfunktionen steuern, sowie das Frontalhirn, das u. a. für das Sozialverhalten, Arbeitsgedächtnis, Impulskontrolle und situationsangemessene Handlungssteuerung zuständig ist. Über die Hirnnerven, welche die Mimik steuern, ist sie darüber hinaus am emotionalen Ausdrucksverhalten beteiligt. Gefühle können über diese Schaltwege ihrerseits, neben Erregung, körperlichem Angstausdruck und Sozialverhalten, auch kognitive Prozesse wie Erwartungen, Gedanken und Erinnerungen beeinflussen.

Die Funktion der Amygdala ist vielfach an Menschen und Säugetieren erforscht worden. Eine Reizung dieser Struktur führt bei Versuchstieren – je nach betroffenem Kerngebiet – u. a. zu Speichelfluss, Lecken und Kaubewegungen, erhöhter Aktivität im Verdauungstrakt und Hemmung der Willkürmotorik (kortikomediale Kerngruppen) sowie zu erhöhter Aufmerksamkeit, Erweiterung der Pupillen, Furcht- oder Wutreaktionen (basolaterale Kerngruppen). Menschen, die im Rahmen operativer Eingriffe stimuliert wurden, zeigen ebenfalls häufig emotionale Reaktionen und berichten darüber hinaus von Angstgefühlen, Halluzinationen und Déjà-vu-Erlebnissen. Die Zerstörung dieser Kerngebiete kann bei Versuchstieren zu Zahmheit (ausbleibende Angst- und Wutreaktionen) und gesteigertem Sexualverhalten führen.

Aufgrund ihrer emotionalen Funktion ist die Amygdala wichtig für die Angstkonditionierung. Sie ist darüber hinaus intensiv in Lern- und Gedächtnisbildungsprozesse eingebunden. So wird z. B. emotional bedeutsames Material schneller gelernt und besser im Langzeitgedächtnis behalten.

Viele Neurotransmitter wirken an der Amygdala, u. a. GABA, der wichtigste hemmende Neurotransmitter, und Oxytocin, das „Bindungshormon".

### Der Hippocampus

Der Hippocampus ist eine gebogene Hirnstruktur, die von der Form her an ein Seepferdchen (lat. Hippocampus) erinnert. Der Hippocampus spielt eine entscheidende Rolle bei der Gedächtnisbildung, insbesondere bei der Übertragung von Informationen aus dem Kurz- ins explizite Langzeitgedächtnis. Hier laufen zahlreiche Signale u. a. aus der Großhirnrinde (Assoziationsgebiete), der Amygdala (Emotion), dem Gyrus cinguli (Antrieb und Aufmerksamkeit, Konfliktverarbeitung), dem Thalamus (Filter), Raphe-Kernen und Locus coeruleus (Wachheit, Erregung) zusammen. Die Assoziationsfelder der Großhirnrinde versorgen den Hippocampus mit stark verarbeiteten Informationen aus den Sinnesorganen, die im Hippocampus in Zusammenhang mit dem emotionalen Gehalt der Information gebracht werden.

Daneben liegen im Hippocampus sogenannte „Rasterzellen", die eine räumliche Landkarte bilden und für die räumliche Orientierung und das räumliche Gedächtnis wichtig sind. Sie speichern z. B. die eingeschlagene Bewegungsrichtung beim Aufsuchen bestimmter Orte ab und helfen beim Wiederfinden dieser Orte.

Darüber hinaus nimmt der Hippocampus regulierenden Einfluss auf endokrine, vegetative und emotionale Vorgänge im Abgleich mit gespeicherten Vorerfahrungen.

### Der Gyrus cinguli

Der Gyrus cinguli wölbt sich oberhalb des Balkens (Corpus callosum) und bildet einen Übergang zwischen den entwicklungsgeschichtlich alten und den neuen Teilen des Großhirns. Er empfängt Informationen u. a. aus der Großhirnrinde und dem Thalamus und beeinflusst seinerseits u. a. den Hippocampus und die Amygdala.

Der Gyrus cinguli hat vielfältige Funktionen. Er lässt sich grob in einen vorderen und einen hinteren Anteil gliedern. Im hinteren Teil werden u. a. die Aufmerksamkeit für visuell-räumliche Reize und damit zusammenhängende Augenbewegungen gesteuert. Der vordere Anteil spielt u. a. eine Rolle bei der Aufmerksamkeitsregulation, der Fehlerverarbeitung und der Bewegungskoordination v. a. im Zusammenhang mit emotionalem Ausdrucksverhalten. Er überwacht auftretende Konflikte und vermittelt als Schaltstation zwischen dem präfrontalen Cortex (Steuerung von Sozialverhalten) und den entwicklungsgeschichtlich älteren Hirnarealen des limbischen Systems (Verhaltensimpulse). Im Experiment konnte gezeigt werden, dass Ratten aufhören, ihre Lieblingssüßigkeit zu wählen, wenn dies dazu führt, dass die Ratte im Nachbarkäfig einen elektrischen Stromschlag bekommt. Dabei ist – wie beim Menschen auch – der Gyrus cinguli aktiv. Dies zeigt die wichtige Rolle dieser Hirnstruktur in Zusammenhang mit Empathie und primitiven Stufen moralisch-ethischer Entscheidungsfindung. Schaltet man den Gyrus cinguli aus oder erhöhte die Süßigkeitenmenge, frisst die Ratte weiter (moralisches Dilemma).

Der Gyrus cinguli verfügt über eine direkte Verbindung zum motorischen Kern des Nervus facialis, einem Hirnnerv, welcher in der Pons entspringt und die mimische Gesichtsmuskulatur steuert. Über diese Verbindung kontrolliert der Gyrus cinguli emotional ausgelöste Gesichtsbewegungen (mimisches Ausdrucksverhalten), wobei er selbst dabei von der Amygdala (Emotion) beeinflusst wird.

Schädigungen des Gyrus cinguli (z. B. durch Tumore oder bestimmte Demenzerkrankungen) führen zu schweren Persönlichkeitsveränderungen, Verlangsamung und mangelndem psychomotorischem Antrieb (Abgestumpftheit, Gleichgültigkeit) und vermindertem lokomotorischem Antrieb (Bewegungsarmut, Akinese).

## FUNKTIONSWEISE DER NERVENZELLEN

Nachdem wir die Teile des Gehirns, die man mit bloßem Auge sehen kann, untersucht haben, setzen wir uns nun vor das Mikroskop und untersuchen die Nervenzellen selbst. Das Verständnis der Nervenzelle wird uns helfen, zum einen die Funktion der so oft erwähnten Neurotransmitter zu verstehen und damit auch, wie Ernährung, Gifte, Drogen und Psychopharmaka das Verhalten und Erleben beeinflussen. Zum anderen ist das Verständnis der Nervenzellen und ihrer Verknüpfungen die Voraussetzung, um zu begreifen, was Lernen ist und wie Gene Erleben und Verhalten determinieren können.

## AUFBAU DES NEURONS

Es gibt verschiedene Arten von Nervenzellen (Neuronen), die sich in der äußeren Gestalt stark unterscheiden können. Dennoch weisen alle Nervenzellen die gleichen wesentlichen Strukturen auf (s. Abb. 11).

Wie alle tierischen Zellen haben Nervenzellen einen Zellkörper. Das Besondere an der Nervenzelle sind jedoch ihre Fortsätze, von denen es zwei Arten gibt: Dendriten und Axone. Wo das Axon einer Nervenzelle A auf einen Dendriten einer Nervenzelle B trifft, bilden sie eine Synapse, d. h. eine Verbindung.

## Der Zellkörper

Der Zellkörper der Nervenzelle ähnelt den Zellkörpern anderer Zellen. Er enthält den Zellkern, in welchem die verschlungenen Knäuel der DNS liegen, und sogenannte Zellorganellen, die für den Stoffwechsel der Zelle und für die Produktion von Proteinen eine bedeutende Rolle spielen.

Der Zellkörper ist von einer Zellmembran umgeben, in die Proteine eingelagert sind. Einige dieser Proteine bilden Kanäle, durch die Stoffe in die Zelle hinein- und hinausgelangen können, z. B. Nährstoffe und Abfallprodukte. Viele Kanäle transportieren Ionen. Das sind Atome, die entweder Elektronen verloren haben (positiv geladene Atome = Kationen) oder die zu viele Elektronen eingefangen haben (negativ geladene Atome = Anionen). Ionen sorgen dafür, dass die Nervenzellen ihre charakteristische elektrische Aktivität aufbauen und erhalten können. Einige der Kanäle in der Zellwand benötigen bestimmte elektrische oder chemische „Schlüssel", um sich zu öffnen oder zu schließen. Die Kanäle, die mithilfe elektrischer Signale geöffnet werden, heißen „spannungsgesteuerte Kanäle". Die Kanäle, die mithilfe von chemischen Stoffen (sogenannten „Liganden") geöffnet werden, heißen „ligandengesteuerte Kanäle".

Im Innern der Zelle liegt der Zellkern, und in diesem liegen die Gene. Anders als andere Körperzellen teilen sich Nervenzellen nicht mehr, ihr Genom wird also nicht weitergegeben. Dennoch ist es überaus aktiv. Den ganzen Tag über und insbesondere nachts wird die Doppelhelix des Genoms durch sogenannte Transkriptionsfaktoren angeregt, bestimmte Abschnitte zu entfalten und Teile der Doppelhelix wie einen Reißverschluss in Einzelstränge zu trennen, die dann ausgelesen werden können. Die darin enthaltene Information wird zum Bau von Proteinen genutzt. Diese Proteine werden u. a. umgebaut zu Strukturproteinen, aus denen neue Verbindungen mit anderen Nervenzellen gebaut werden können (Lernen), oder zu Neurotransmittern, mit denen die Nervenzellen mit anderen Nervenzellen kommunizieren. Diese Genaktivität ist ein wichtiger Faktor für die korrekte Funktion der Nervenzellen und damit die eigentliche Grundlage für das Erleben und Verhalten des Hundes.

### Der Dendrit

Die sogenannten Dendriten (griech. „dendron“ = Baum) sind astartige Verzweigungen, die als Empfangsstationen der Zelle dienen. Dort gehen die Signale von anderen Nervenzellen ein. Sie entspringen oft an vielen Stellen des Zellkörpers und leiten elektrische Signale in seine Richtung weiter. An der Oberfläche der Dendriten sitzen zahlreiche sogenannte „Dornen“, welche besonders viele Kontaktstellen mit anderen Nervenzellen bereitstellen (Synapsen).

### Das Axon

Das Axon ist der „Sendemast“ der Nervenzelle, mit dessen Hilfe es Signale an nachfolgend verschaltete Nervenzellen oder Muskelzellen weiterleitet. Das Axon tritt am Axonhügel aus dem Nervenzellkörper aus und kann mehrere Meter lang werden, z. B. bei Giraffen und anderen großen Säugetieren. Der Zellkörper eines Motorneurons für die Fußmuskeln liegt beispielweise im unteren Rückenmark, das Axon zieht sich einen Meter (Mensch) oder auch mehrere Meter (Giraffe) bis zur Muskulatur im Fußgelenk hinunter. Dabei ist ein einzelnes

Axon so fein, dass es nur unter dem Mikroskop zu erkennen ist. Erst als Bündel von vielen tausenden Fortsätzen anderer Nervenzellen, die in dieselbe Richtung ziehen, sind die Axone, z. B. als Ischiasnerv, mit bloßem Auge erkennbar. Die Länge des Axons richtet sich danach, wie weit die nachfolgend verschalteten Zellen entfernt sind. Es gibt auch Axone, die weniger als 1 mm lang sind, z. B. wenn Nervenzellen innerhalb eng begrenzter Hirngebiete untereinander in Feedbackschleifen kommunizieren.

Das Axon verzweigt sich oftmals am Ende. Die Enden verdicken sich zu sogenannten synaptischen Endknöpfchen, die das elektrische Signal in ein chemisches Signal umwandeln und auf diese Weise mit vielen nachfolgenden Nervenzellen kommunizieren.

Im Innern der Axone verlaufen Tunnel (Neurotubuli), durch die Stoffe wie Neurotransmitter vom Zellkörper zu den Synapsen – oder auch umgekehrt – transportiert werden können. Es gibt entlang des Axons ein langsames Transportsystem (0,2–5 mm pro Tag) und ein schnelles (50-400 mm pro Tag). Selbst das „schnelle" Transportsystem ist jedoch ziemlich träge. Wenn also vom Nervenzellkörper ausgehend Proteine losgeschickt werden, die beispielsweise beim Lernen eine neue Synapse bilden sollen, dann dauert es – je nach Länge des Axons – wenigstens einige Stunden, oft sogar Tage, bis die Baustoffe am Ende des Axons überhaupt angekommen sind und dann dort zu einer Synapse verbaut werden können. Langfristige und stabile Veränderungen der neuronalen Struktur, wie sie für die Bildung eines Langzeitgedächtnisses notwendig sind, brauchen daher Zeit. Aufgrund der langen Transportzeiten versucht die Nervenzelle, ihre an den Synapsen ausgeschütteten Neurotransmitter wiederzuverwenden (Recycling), indem es die Transmitter an der synaptischen Endigung wieder aufnimmt, dort neu verpackt und für die nächste Entladung bereithält. Da jedoch parallel auch Enzyme auf die Neurotransmitter im synaptischen Spalt einwirken und einen Teil davon zerstören, müssen vom Nervenzellkörper ständig Neurotransmitter nachgebildet und auf den langen Weg das Axon hinunter geschickt werden.

Von außen sind die meisten Axone von einer fetthaltigen Schicht umgeben, die in regelmäßigen Abständen von ca. 1 mm unterbrochen (eingeschnürt) ist, wo das nackte Axon freiliegt. Diese Schicht heißt Myelinscheide, die Einschnürungen werden als Ranvier-Schnürringe bezeichnet. Die Myelinscheide wirkt als Isolator und verhindert, dass das elektrische Signal kontinuierlich über das Axon weitergeleitet werden kann. Stattdessen überspringt es die isolierten Bereiche. Dieser Vorgang nennt sich „saltatorische Erregungsleitung". Die Isolierung und das Springen des elektrischen Signals bewirken eine enorme Verbesserung der Nervenleitgeschwindigkeit gegenüber nackten Axonen (bis zu 8,3 ms pro Meter) und damit eine höhere Informationsverarbeitungsgeschwindigkeit. Außerdem werden Fehler in der Übertragung verhindert, die dadurch zustande kommen, dass das elektrische Signal von einem Axon versehentlich auf ein benachbartes Axon springt (Crosstalk), ähnlich einem Kurzschluss bei nebeneinanderliegenden blanken Kupferkabeln, durch welche Strom fließt. Bei der Erkrankung „Multiple Sklerose" (MS) werden diese Myelinscheiden zerstört. Je nachdem, wo dies im Gehirn gerade geschieht, kommt es dann zu charakteristischen neurologischen Ausfallerscheinungen.

## Die Synapse

Eine Synapse (griech. „synapsis" = Verknüpfung) ist die Stelle, an der zwei Nervenzellen miteinander kommunizieren, wobei eine einzelne Nervenzelle bis zu 20 000 Synapsen mit anderen Nervenzellen bilden kann. Eine einzelne Synapse besteht aus einem Endknöpfchen eines

Axons der sendenden Zelle (Präsynapse), einem Teil der Zellmembran des Dendriten der empfangenden Zelle (Postsynapse) und dem dazwischen liegenden Spalt (synaptischer Spalt), welcher ca. 20–50 nm (Nanometer) breit ist. Die Neurotransmitter werden im Innern der Präsynapse in kleinen Bläschen (Vesikeln) aufbewahrt. Wie sie aktiviert werden, sehen wir weiter unten, wenn wir uns mit der Funktion der Nervenzellen befassen.

Das Maximum der Anzahl an Nervenzellen, welche sich anders als andere Körperzellen nicht mehr teilen können, wird bereits vor der Geburt erreicht. Nach der Geburt kommt es zu einer rapiden Abnahme der Neuronen, die sich später in der Entwicklung des Individuums (Ontogenese) verlangsamt und zum Lebensende hin wieder beschleunigen kann (z. B. im Rahmen von Demenzerkrankungen). Nervenzellen können auch aufgrund eines Traumas oder einer Erkrankung zugrunde gehen. Neueste Forschungen konnten zeigen, dass tief im Gehirn neue Nervenzellen aus Stammzellen gebildet werden und an bestimmten Orten im Gehirn den Platz zugrunde gegangener Nervenzellen einnehmen. Inwieweit sich das zur gezielten Reparatur von neuronalen Defekten nutzen lässt, ist derzeit ungeklärt. Normalerweise handelt es sich um einen Prozess, der z. B. während der Gedächtnisbildung bei gesunden Individuen stattfindet.

Während die Zahl der Nervenzellen im Laufe des Lebens also zurückgeht, nimmt die Anzahl der Synapsen nach der Geburt explosionsartig zu. Der Hauptteil bildet sich in den ersten Lebenswochen und -monaten des Welpen. Die Fähigkeit von Nervenzellen, neue Synapsen zu bilden und alte verschwinden zu lassen, heißt „synaptische Plastizität". Sie bleibt dem Gehirn lebenslang erhalten und bildet die Grundlage für das, was wir „Lernen" nennen. Es stimmt also nicht, dass alte Hunde keinen neuen Tricks mehr lernen können und auch Menschen können bis ins höchste Lebensalter noch neue Fähigkeiten und Gedächtnisinhalte erwerben – vorausgesetzt sie leiden nicht an neurodegenerativen Erkrankungen wie Demenz. Die synaptische Plastizität ist von Hirnregion zu Hirnregion verschieden. In manchen Hirnbereichen können die Nervenzellen ihre Verbindungen lebenslang umstrukturieren, in anderen gibt es nur ein enges Zeitfenster dafür. Wenn es sich schließt, können bestimmte Lernvorgänge nur noch sehr viel langsamer oder gar nicht mehr stattfinden. Von außen betrachtet nennen wir dieses Phänomen beim Hund „sensible Phasen".

## EINFACHE SIGNALÜBERTRAGUNG ZWISCHEN NEURONEN

Die Funktion von Nervenzellen lässt sich schnell und einfach erklären. Sie basiert letztlich auf physikalischen Mechanismen elektrischer und chemischer Signalübertragung. Dagegen ist es viel schwieriger zu begreifen, wie bestimmte Netzwerke im Gehirn bestimmte Hirnfunktionen wie z. B. Sehen, Emotionen oder Bewusstsein hervorbringen. Das ist so ähnlich wie mit einem einfachen Stromkreis im Vergleich zu einem Handy. Eine geladene Batterie, ein paar Kabel, ein Schalter und eine Glühbirne genügen, um einen einfachen Stromkreis zu erzeugen, der die Glühbirne leuchten lässt. Dieselben Stromkreise, auf komplexe Weise untereinander verschaltet, können jedoch auch auf unserem Handy Musik und Videos abspielen, Dateien speichern und uns die Stimme von jemandem hören lassen, der gar nicht im Raum ist. Der Rest des Buches wird sich mit diesen komplexen Schaltkreisen im Gehirn befassen, doch dafür müssen wir zunächst den einfachen Mechanismus der Signalübertragung zwischen Nervenzellen verstehen.

## Physikalische und chemische Grundlagen

Zunächst brauchen wir etwas Physik und Chemie. Das Gehirn funktioniert mit elektrischem Strom. Dafür brauchen wir elektrisch geladene Teilchen, von denen es zwei Arten gibt: Kationen sind Teilchen, die positiv geladen sind, weil sie ein oder mehrere Elektronen verloren haben. Anionen sind Teilchen, die negativ geladen sind, weil sie zu viele Elektronen eingefangen haben. Metalle wie Natrium, Kalium, Calcium und Magnesium geben leicht Elektronen ab und werden zu positiv geladenen Kationen. Halogene wie Chlor und bestimmte Aminosäuren neigen dazu, sich Elektronen einzuverleiben und negativ geladene Anionen zu bilden.

Wenn man diese beiden Arten von Ionen durch eine isolierende Schicht wie die Zellmembran voneinander trennt, dann baut sich zwischen ihnen wie bei einer Batterie eine elektrische Spannung auf. Genau das passiert an der Nervenzelle. Negativ geladene Anionen sind in der Flüssigkeit im Innern der Zelle (Zytosol) in höherer Konzentration gelöst als in der Flüssigkeit auf der anderen Seite der Membran (Extrazellulärflüssigkeit), wo sich dagegen mehr positiv geladene Kationen befinden. Daher ist das Zellinnere gegenüber dem Zelläußeren negativ geladen. Diese elektrische Spannung herrscht an jeder Nervenzelle des Individuums, unabhängig davon, ob sie gerade aktiv ist oder sich in Ruhe befindet. Der Unterschied zwischen Aktivität und Ruhe liegt lediglich in der Größe der Spannung. Dabei handelt es sich um dieselbe Art von Spannung, die man auch in der Autobatterie oder der Steckdose findet. Deswegen kann man das Gehirn von Versuchstieren und Menschen von außen mit elektrischem Strom reizen, der durch Elektroden zielgenau in bestimmte Hirnregionen eingebracht wird, und beobachten, welche Auswirkungen dies auf Erleben und Verhalten des Individuums hat. Unsere Hunde funktionieren also genau wie wir und unsere Handys mit Strom.

Die wichtigsten Ionen, die an der Aufrechterhaltung der elektrischen Aktivität der Nervenzellen beteiligt sind, sind Natrium und Chlor, welches wir in Form von Kochsalz (Natriumchlorid) zu uns nehmen müssen, darüber hinaus Kalium und bestimmte Aminosäuren. Ein sogenannter Elektrolytmangel (Mineralstoffverlust), wie er im Sommer bei hohen Temperaturen oder beim Sport durch das Schwitzen bzw. Hecheln auftreten kann, führt also zu Störungen der elektrischen Aktivität des Nervensystems (Krämpfe, Herzrhythmusstörungen, im Extremfall: Tod).

Damit eine Nervenzelle ihren Ruhezustand verlässt und Signale an nachfolgende Nervenzellen sendet, muss sie ihre Spannung ändern. Wie macht sie das? Einerseits, indem mehr positiv geladene Kationen von der Zellaußenseite in das negativ geladene Zellinnere gelangen. Dadurch verringert sich zunächst die elektrische Spannung (Depolarisation). Strömen weiter positiv geladene Teilchen in die Zelle, wird das Zellinnere gegenüber der Außenseite positiv geladen und eine positive Spannung baut sich auf. Andererseits ist es auch möglich, dass negativ geladene Teilchen in die Zelle strömen, wodurch die elektrische Spannung im Innern noch negativer wird (Hyperpolarisation).

Da die Zellmembran selbst nicht durchlässig für Ionen ist, brauchen die Ionen Kanäle, durch die sie durch die Membran fließen können. Diese Kanäle bestehen aus den bereits erwähnten Membranproteinen, die ihre Struktur dreidimensional im Raum verändern können. Wenn sie sich in die eine Richtung „verdrehen“, öffnet sich der Kanal, drehen sie sich in die andere Richtung, schließt er sich wieder. Diese Kanäle benötigen bestimmte elektrische oder chemische Schlüssel, um sich zu öffnen oder zu schließen. Jeder Kanaltyp lässt nur bestimmte Ionen passieren und ist undurchdringlich für andere Teilchen. Die Kanäle, die mit elektrischen Schlüsseln geöffnet werden, heißen „spannungsgesteuerte“ Kanäle. Kanäle, die mit chemischen Schlüsseln gesteuert werden, heißen „ligandengesteuert“.

Um den Ursprungszustand, das Ruhepotenzial, nach der Depolarisation bzw. Hyperpolarisation wiederherzustellen, gibt es in der Zellmembran Pumpen, die die Ionen durch die Zellmembran an ihren Ausgangsort zurücktransportieren, bis sich wieder eine negative Spannung von ca. –70 mV eingestellt hat.

## Die Nervenzelle empfängt Signale

Wir haben gesehen, dass eine Nervenzelle aus dem Ruhezustand in zwei Richtungen abweichen kann. Bei der Depolarisation wird das Zellinnere positiver als im Ruhezustand, bei der Hyperpolarisation negativer. Die Depolarisation wollen wir nun vereinfacht als „Plus-Signal“ bezeichnen, die Hyperpolarisation als „Minus-Signal“.

An den Dendriten der Nervenzelle sitzen ligandengesteuerte Kanalproteine, die mithilfe von chemischen Signalen (Neurotransmittern), die sie von den vorgeschalteten Nervenzellen empfangen, geöffnet werden. Je nachdem, welcher Kanaltyp von den Signalen geöffnet wird, ob also entweder Kationen oder Anionen einströmen dürfen, entsteht an dieser Stelle des Dendriten ein Plus- oder ein Minus-Signal.

Durch die einströmenden Ionen verändert sich die Spannung in der unmittelbaren Umgebung des Kanals. Die Spannungsänderung pflanzt sich als Plus- bzw. Minus-Signal den Dendriten entlang bis zum Zellkörper fort, wandert auch den Zellkörper entlang und gelangt zu dem Punkt, wo das Axon aus dem Zellkörper entspringt, zum sogenannten Axonhügel.

### Die Nervenzelle rechnet und feuert

Der Axonhügel ist die Recheneinheit der Nervenzelle. Dort summieren sich die positiven und negativen elektrischen Signale, die zu einem beliebigen Zeitpunkt x dort eintreffen. Überschreitet die Summe der positiven und negativen Signale einen bestimmten Schwellenwert, der charakteristisch für diesen Nervenzelltyp ist (z. B. –50 mV), öffnen sich plötzlich für einen sehr kurzen Zeitraum (ca. 1 ms) spannungsgesteuerte Kanäle entlang des Axons und es kommt zur Ausbreitung einer lawinenartigen positiven Spannungsänderung (Spitzen bis ca. +30 mV). Die Nervenzelle „feuert". Diese Spannungsveränderung heißt „Aktionspotential".

Es kommt zu einem Dominoeffekt. Die Spannungsänderung in der Nähe eines spannungsgesteuerten Kanals öffnet diesen, wodurch auch an dieser Stelle eine rasche Spannungsänderung eintritt und der benachbarte Kanal ebenfalls geöffnet wird. Die beteiligten spannungsgesteuerten Kanäle sind danach für eine bestimmte Zeit (ca. 1 ms) inaktiv.

Das Axon ist eine Einbahnstraße für das Aktionspotential. Dadurch, dass bereits aktivierte Kanäle kurzzeitig inaktiv sind, kann sich die Erregung nur in eine Richtung entlang der bisher ungeöffneten Kanäle ausbreiten. Das Axon leitet auf diese Weise das elektrische Signal lawinenartig vom Zellkörper zu den Endknöpfchen.

Für die Stärke des Aktionspotentials spielt es keine Rolle, wie stark die Schwelle zur Auslösung des Aktionspotentials überschritten wurde. Daher spricht man vom „Alles-oder-Nichts-Prinzip". Bei einer Schusswaffe ist es für die Geschwindigkeit des Projektils unwichtig, mit welcher Kraft der Abzug betätigt wurde. Entscheidend dafür, dass sich ein Schuss löst, ist nur, dass ein bestimmter Druckpunkt überschritten wurde. Analog ist es für die Geschwindigkeit und Größe des Aktionspotentials unwichtig, wie stark die Auslöseschwelle überschritten wurde, damit das Neuron „feuert".

Nachdem eine Nervenzelle ein Aktionspotential abgefeuert hat, ist sie für einen kurzen Zeitraum nicht erregbar, d. h. sie kann kein neues Aktionspotential bilden (Refraktärphase). Das sorgt dafür, dass Signale als deutlich getrennt wahrnehmbare Einheiten gesendet werden. Die Nervenzellen feuern gewissermaßen digital.

Wenn die Stärke der eingehenden Signale jedoch nichts an der Stärke des Aktionspotentials ändert, wie codiert das Gehirn dann verschiedene Reizintensitäten? Dies geschieht über die Frequenz der Aktionspotentiale, also wie oft die Nervenzelle in einer bestimmten Zeiteinheit feuert. Je höher die Intensität des Reizes, desto mehr Aktionspotentiale werden pro Zeiteinheit abgefeuert. Dies gilt natürlich nur, wenn der Reiz länger bestehen bleibt als die Dauer eines einzelnen Aktionspotentials (ca. 2 ms inklusive Refraktärzeit), was bei natürlich vorkommenden Reizen überwiegend der Fall ist.

Wie wir gesehen haben, werden am Axonhügel die Plus- und Minus-Signale summiert. Anhand eines stark vereinfachten Beispiels wollen wir die Bedeutung dieser Berechnungen für das Verhalten betrachten. Sichtbares Verhalten von Hunden ist das Resultat von Muskelbewegungen. Angenommen, die Nervenzelle, um die es gehen soll, steuert einen Muskel, der seinerseits in die schnellen Beinbewegungen beim Hetzen eines Hasen eingebunden ist. Wir nehmen weiter an, dass die Nervenzelle über Verbindungen mit anderen Nervenzellen zu dem Zeitpunkt, an dem wir den Hund zurückrufen, gerade 10 Plus-Signale (+10) und 3 Minus-Signale (–3) empfängt. Die Schwelle zur Auslösung eines Aktionspotentials, das seinerseits den entsprechenden Muskel aktiviert, soll (statt bei –50 mV) bei +7 liegen. Da 10 – 3 = 7 ergibt, wird in unserem Beispiel der Schwellenwert (7) zur Auslösung des Aktionspotentials erreicht und der Hund zeigt das unerwünschte Verhalten und hetzt.

Was müsste auf neuronaler Ebene geschehen, damit dies nicht passiert? Das Problem wäre gelöst, wenn die Schwelle von +7 nicht überschritten werden würde. Da die Schwelle selbst sich nicht verändert, bleiben zwei Möglichkeiten. Entweder senken wir die Anzahl der Plus-Signale. Würde nur ein einziges Plus-Signal in unserem Beispiel fehlen, würde die Summe +6 ergeben (9 – 3 = 6). Dies würde nicht ausreichen, um ein Aktionspotential zu generieren, und der Muskel würde nicht aktiviert werden. Wir könnten also die erregenden Signale an der Nervenzelle reduzieren. Die zweite Möglichkeit besteht darin, die Anzahl der Minus-Signale zu erhöhen. Ein einziges Minus-Signal mehr würde ebenfalls zu einem Summenwert von +6 führen (10 – 4 = 6). Wir könnten also die hemmenden Signale an der Nervenzelle erhöhen. Kein Aktionspotential, keine Muskelaktivität, kein störendes Verhalten.

Die Frage, die jetzt offen bleibt, ist natürlich, wie man die Erregung reduziert oder die Hemmung erhöht. Wodurch wird bestimmt, wie viele Plus- und Minus-Signale eine Nervenzelle gerade erhält? Das ist durch die Art und Aktivität der neuronalen Verschaltungen festgelegt, in die eine Nervenzelle eingebettet ist. Die Verschaltungen ändern sich in einigen Hirnteilen lebenslang, z. B. durch Reifung und Lernen, während ihre Aktivität von den Reizen abhängt, die das Gehirn empfängt. Die wichtigsten Schaltkreise für das Erleben und Verhalten von Hunden werden wir ab Kapitel 3 nacheinander betrachten, um so zu verstehen, wie und warum sich Hunde verhalten und wie man dieses Verhalten beeinflussen kann.

### Die Nervenzelle sendet

Wir haben das elektrische Signal bei seiner Entstehung im Dendriten beobachtet und über den Zellkörper zum Axonhügel verfolgt, wo es ein Aktionspotential ausgelöst hat. Dieses Aktionspotential raste durch den Nervenfortsatz und endete in den synaptischen Endknöpfchen. Von dort könnte es doch als elektrisches Signal einfach die nächste Nervenzelle erregen. Einige Nervenzellen sind tatsächlich über sogenannte elektrische Synapsen verbunden. Die weit überwiegende Mehrheit der Nervenzellen wandelt das elektrische Signal jedoch zunächst in ein chemisches Signal um.

Diese „chemischen Signale“ sind in Wirklichkeit spezifische Moleküle, die man als Neurotransmitter bezeichnet. Bekannte Neurotransmitter sind Dopamin und Serotonin, aber auch Acetylcholin, Glutamat, GABA (γ-Aminobuttersäure), Adrenalin und Noradrenalin. Die Neurotransmittermoleküle sind in Bläschen (Vesikel) verpackt. Ein Vesikel enthält dabei z. B. etwa 10 000 Acetylcholinmoleküle.

Damit die Neurotransmitter wirken können, müssen sie aus den Bläschen in der Präsynapse irgendwie in den synaptischen Spalt gelangen und von dort auf die andere Seite zur empfangenden Nervenzelle schwimmen. Wie macht die Nervenzelle das? Durch das Aktionspotential werden spannungsgesteuerte Kalziumkanäle geöffnet. Das einströmende Kalzium löst im Innern der Endknöpfchen eine chemische Kettenreaktion aus, die dazu führt, dass die Vesikel mit der Zellmembran verschmelzen, so wie eine Schaumblase in der Badewanne eine Halbkugel mit der Wasseroberfläche bildet. Dabei wird der Inhalt der Blase in die Flüssigkeit im synaptischen Spalt abgegeben.

Die Neurotransmittermoleküle bewegen sich dann mithilfe von Diffusion im synaptischen Spalt. Diesen Prozess kennen wir aus dem

Alltag. Jeder hat schon mal gesehen, wie ein Tropfen Blut sich in Wasser ausbreitet. Zunächst sieht man scharf umrissene Ränder, nach einer halben Stunde ist das Wasser jedoch gleichmäßig rosa gefärbt. Durch Diffusion bewegen sich die Moleküle in einer Flüssigkeit also entlang des Konzentrationsgefälles überall hin, breiten sich gleichmäßig aus und gelangen bis zum Rand des Beckens. Auf dieselbe Weise gelangen die Neurotransmitter auf die gegenüberliegende Seite des synaptischen Spalts.

Hier sitzen die Rezeptormoleküle. Neurotransmitter und Rezeptor funktionieren nach dem Schlüssel-Schloss-Prinzip. Nur der passende Neurotransmitter darf an den Rezeptor binden. Sowie der passende Neurotransmitter an den Rezeptor bindet, öffnet dieser einen ligandengesteuerten Kanal in der Membran der Postsynapse und spezifische Ionen dürfen in die Empfängernervenzelle strömen. Dadurch wird ein Plus-Signal (positive Ionen strömen ein = Depolarisation) oder ein Minus-Signal (negative Ionen strömen ein = Hyperpolarisation) erzeugt. Jede Nervenzelle produziert nur einen Neurotransmitter, den sie dann in allen ihren Präsynapsen speichert und ausschüttet. Es ist also bereits bei der Verbindung von zwei Nervenzellen vorgegeben, ob die sendende Nervenzelle bei der empfangenden Zelle ein Plus- oder ein Minus-Signal hervorruft, da allein der Neurotransmitter und dessen Rezeptor an der Postsynapse darüber bestimmen, ob ein Plus- oder ein Minus-Signal erzeugt wird.

## EXKURS

Obwohl es für unser Verständnis der Funktion von Nervenzellen hier ausreichen soll, ist es eigentlich nicht ganz so einfach. Viele Nervenzellen produzieren neben dem Haupttransmitter noch Co-Transmitter, die modulierende Funktion haben und deren Ausschüttung mitunter von weiteren Faktoren abhängig ist, z. B. der Frequenz der Aktionspotentiale.

Bestimmte Substanzen, die eine ähnliche chemische Struktur wie der eigentliche Neurotransmitter haben, dürfen ebenfalls an die Rezeptoren binden und lösen dieselbe Reaktion aus wie der Neurotransmitter selbst. Daneben gibt es noch Substanzen, die zwar an den Rezeptor binden können, diesen dann jedoch blockieren, ohne die gewünschte Reaktion auszulösen, ähnlich wie wenn man den falschen Schlüssel in ein Schloss steckt und dieser zwar hineinpasst, sich dann aber weder drehen lässt, um das Schloss zu öffnen, noch sich wieder herausziehen lässt. Auf diese Weise wirken z. B. bestimmte Psychopharmaka, Drogen und Nervengifte, indem sie die Wirkung von Neurotransmittern imitieren oder Bindungsstellen blockieren.

Kurz nachdem der Neurotransmitter den Kanal geöffnet hat, löst er sich wieder von der Bindungsstelle und wird entweder durch Enzyme aus dem synaptischen Spalt entfernt oder von der Zelle, die ihn ausgeschüttet hat, wieder in die Präsynapse aufgenommen. Dieser Prozess der Wiederaufnahme der Neurotransmitter wird durch andere Gruppen von Psychopharmaka gehemmt, z. B. durch Selektive Serotonin-Wiederaufnahmehemmer (SSRI). Eine wieder andere Gruppe von Psychopharmaka wirkt auf die Enzyme ein, die die Neurotransmitter im Spalt zersetzen.

## DIE WICHTIGSTEN NEUROTRANSMITTER

Der erste entdeckte Neurotransmitter war das Acetylcholin. Er wurde 1921 von Otto Loewi in einem Experiment an Froschherzen nachgewiesen und von Sir Henry Dale erstmals in seiner chemischen Struktur beschrieben. Seitdem wurden hunderte von Substanzen entdeckt, die u. a. im menschlichen Nervensystem als Neurotransmitter wirken.

Im Wesentlichen gibt es zwei Arten von Neurotransmittern. Die klassischen Neurotransmitter sind kleine Moleküle, ungefähr so groß wie eine Aminosäure. Wichtige Vertreter sind Acetylcholin, Adrenalin, GABA, Glutamat, Dopamin und Serotonin. Daneben gibt es die Neuropeptide, lange Aminosäureketten, die oft als Co-Transmitter ausgeschüttet werden. Am bekanntesten sind die Neuropeptide, die zu den Gruppen der Endorphine und Enkephaline gehören und als körpereigene Opioide wirken, oder Oxytocin, das sogenannte „Bindungshormon". Erst seit ca. 30 Jahren sind auch gasförmige Neurotransmitter bekannt. Zu ihnen zählen Stickstoffmonoxid (NO), Kohlenmonoxid (CO) und Schwefelwasserstoff ($H_2S$).

## Glutamat und GABA

Die beiden wichtigsten und häufigsten Neurotransmitter gehören zur Gruppe der Aminosäuretransmitter: Glutamat und GABA.

**GLUTAMAT** ist der am häufigsten genutzte erregende Neurotransmitter im Gehirn. Etwa die Hälfte der Nervenzellen des Gehirns setzt Glutamat frei. Es handelt sich übrigens um dasselbe Glutamat, das in der asiatischen Küche als Geschmacksverstärker eingesetzt wird. Die meisten Experten gehen davon aus, dass dieses jedoch nicht die Blut-Hirn-Schranke überwinden und daher nicht im Gehirn wirken kann.

**GABA** (γ-Aminobuttersäure) ist der wichtigste hemmende Neurotransmitter. Etwa ein Drittel bis die Hälfte der hemmenden Nervenzellen im Gehirn schüttet GABA aus. Viele dämpfende und beruhigende Psychopharmaka docken an GABA-Rezeptoren an, z. B. Benzodiazepine wie Diazepam (Valium®) und Barbiturate. Sie wirken nicht nur angstlösend, schlaffördernd und beruhigend, sondern werden auch bei Epilepsie eingesetzt, um die unkontrollierte Erregungsausbreitung im Gehirn zu unterbinden.

## Katecholamine

Während viele Menschen noch nie von Glutamat und GABA als Neurotransmitter gehört haben, gehören die berühmtesten Neurotransmitter zu einer besonderen Gruppe von Monoaminen, den Katecholaminen: Dopamin, Noradrenalin und Adrenalin – wobei viele Noradrenalin und Adrenalin nicht als Neurotransmitter auf dem Schirm haben, sondern nur als Stresshormone im Körper. Sie werden in genau dieser Reihenfolge gebildet. Die Ausgangssubstanz ist Tyrosin, eine Aminosäure, die mit der Nahrung (u. a. Fleisch) aufgenommen wird. Aus Tyrosin wird DOPA gebildet und daraus Dopamin. Dopamin wird zu Noradrenalin umgebaut und Noradrenalin zu Adrenalin. Die Katecholamine werden nach der Ausschüttung in den synaptischen Spalt von der Präsynapse wieder aufgenommen und recycelt. Im Spalt verbleibende Katecholamine werden durch ein Enzym inaktiviert, die sogenannte Monoaminooxidase (MAO). Diese beiden Prozesse sind für die Wirkung vieler Psychopharmaka relevant, die entweder den Prozess der Wiederaufnahme hemmen oder auf die Aktivität des MAO-Enzyms einwirken.

Der überwiegende Teil der Dopamin produzierenden Nervenzellen liegt im ventralen tegmentalen Areal (VTA, mesocorticolimbisches Dopaminsystem) und der Substantia nigra (s. Abb. 10), doch diese Neurone besitzen besonders lange und verzweigte Axone. Damit erreichen sie weit verteilte Zielgebiete im Gehirn, in denen verschiedene Arten von Dopaminrezeptoren sitzen. Dopamin spielt eine wichtige Rolle bei der Steuerung von psychischen Prozessen wie Belohnung und Suchtentwicklung sowie in der Willkürmotorik. Darauf gehen wir in den folgenden Kapiteln noch genauer ein.

Adrenalin und Noradrenalin werden einerseits im Nebennierenmark gebildet und im Verlauf der Stressreaktion ausgeschüttet. Sie wirken dann über die Blutbahn als Hormone im Körper. Andererseits produzieren Nervenzellen im Hirnstamm ebenfalls Adrenalin und vor allem Noradrenalin. Die wichtigste Ansammlung noradrenalinproduzierender Nervenzellen liegt im Locus coeruleus (s. Abb. 5). Die Axone dieser Neurone sind lang und verzweigt und projizieren in weite Bereiche von Gehirn und Rückenmark. Noradrenalin ist so als aktivierender Neurotransmitter am Schlaf-Wach-Rhythmus und der Erregungssteuerung entscheidend beteiligt. In den Kapiteln zu Stress (Kapitel 7) und Schlaf (Kapitel 8) werden wir darauf zurückkommen.

### Serotonin

Serotonin ist ebenfalls ein berühmter Neurotransmitter aus der Gruppe der Monoamine. Es wird aus der Aminosäure Tryptophan synthetisiert, die in bestimmten Fleischsorten besonders reichhaltig vorkommt. Serotonin wird hauptsächlich in den sogenannten Raphe-Kernen im Hirnstamm gebildet (s. Abb. 4). Auch diese Neurone haben vielfältige Verzweigungen, die fast das gesamte Gehirn erreichen. Serotonin ist ebenfalls am Schlaf-Wach-Rhythmus und der Erregungssteuerung beteiligt, darüber hinaus an der Schmerzwahrnehmung, der Wahrnehmung von Hunger und Durst sowie der emotionalen Befindlichkeit und Stimmungsstabilität (Zufriedenheit).

### Acetylcholin

Acetylcholin war der erste entdeckte Neurotransmitter. Es wird aus Cholin gebildet, welches mit der Nahrung (Rindfleisch, Gemüse) aufgenommen wird. Acetylcholin wird u. a. zur Übertragung von Nervenimpulsen auf die Muskulatur des Bewegungsapparates und im vegetativen Nervensystem eingesetzt. Darüber hinaus ist es im Gehirn ein weit verbreiteter Neurotransmitter. Der Ncl. basalis (Meynert) ist eins der wichtigsten Acetylcholin produzierenden, modulierenden Kerngebiete im Gehirn (s. Abb. 12). Von diesem Kerngebiet geht der Großteil der cholinergen Projektionen in die Großhirnrinde aus. Die Septumkerne, die ebenfalls Acetylcholin produzieren, stehen dagegen in enger Verbindung zum Hippocampus. Das Absterben der cholinergen Kerngebiete bei der Alzheimer-Demenz wird mit dem Verlust kognitiver Funktionen in Verbindung gebracht. Das basale Vorderhirn hat offenbar eine wichtige Funktion bei Lern- und Erinnerungsprozessen.

Zusammen bilden Dopamin, Noradrenalin, Serotonin und Acetylcholin die vier großen Modulationssysteme, die auf die Aktivität des gesamten Nervensystems regulierend einwirken.

Damit sind wir am Ende unserer Reise durch das Gehirn angekommen. Nachdem wir verstanden haben, wie die Nervenzellen funktionieren, wo die einzelnen Hirnteile liegen und wofür sie grob zuständig sind, sehen wir uns im 2. Kapitel die Entwicklung des Gehirns im Zeitraffer an, ehe wir uns in den nachfolgenden Kapiteln der Psyche widmen.

KAPITEL 2

# ENTWICKLUNG DES GEHIRNS

Warum sollte man sich als Hundehalter oder Hundetrainer für die Entwicklung des Gehirns interessieren? Anders als Herz, Leber oder Nieren ist das Gehirn ein Organ, welches zwar zur Grundausstattung des Welpen gehört, wenn er in den Haushalt einzieht, aber zu diesem Zeitpunkt ist es noch lange nicht fertig mit seiner Entwicklung. Eigentlich hört es niemals auf, sich zu entwickeln, erst der Tod beendet die lebenslangen Anpassungsprozesse dieses Organs. Viele dieser Anpassungsprozesse nennen wir „Lernen", und dieses Thema interessiert die meisten Hundehalter.

Noch bevor der Welpe den Mutterleib verlässt, finden bereits erste Lernprozesse statt. Das ungeborene Gehirn übt alle Fertigkeiten ein, die der Welpe unmittelbar nach der Geburt braucht. So lernt er beispielsweise, seine Gliedmaßen und seinen Körper zu bewegen. Auch klassische und operante Lernvorgänge funktionieren schon. So können bestimmte Reize schon früh mit angenehmen oder unangenehmen Gefühlszuständen verknüpft werden.

## VOM NEURALROHR ZUM GEHIRN

Was verbirgt sich eigentlich hinter der „Hirnentwicklung"? Es ist nicht weniger als eines der größten Wunder des Universums. Aus der DNS zweier Individuen, die bei der Befruchtung miteinander verschmelzen, entwickelt sich innerhalb weniger Wochen durch Zellteilung ein Organismus, in dem sich Milliarden von Zellen mit ganz unterschiedlichem Aussehen und unterschiedlichen Funktionen aus sich selbst heraus sinnvoll verknüpfen und am Ende so zusammenarbeiten, dass dabei ein lebensfähiger Welpe entsteht. Ein nicht unwesentlicher Teil dieser Entwicklung betrifft das Nervensystem. Wenn wir am Ende dieses Kapitels einen Eindruck von diesem Entwicklungsprozess gewonnen haben, werden wir uns nicht mehr fragen, was bei dieser Entwicklung alles schiefgehen kann, sondern uns dankbar darüber wundern, dass dieser Prozess überhaupt so viele lebensfähige Gehirne hervorbringt.

Der Prozess der Hirnentwicklung beginnt am Ende der zweiten Woche nach der Befruchtung. Die befruchtete Eizelle beginnt, sich zu teilen, und der weitgehend noch unspezifische Zellhaufen nistet sich in die Gebärmutter ein. Dabei wird ein gleichmäßiger Abstand zu den anderen Zellhaufen eingehalten, aus denen sich die Geschwister des Welpen entwickeln werden („Spacing").

Aus dem kugeligen Zellhaufen entwickelt sich durch weitere Zellteilung ein schuhsohlenförmiges Gebilde, die zweiblättrige Keimscheibe (s. Abb. 13). Sie besteht aus zwei Schichten. Aus dem oberen Keimblatt, dem „Ektoderm", werden sich Haut und Hautdrüsen, Fell, Krallen, Nervensystem und Nebennierenmark, Sinnesorgane und Zähne entwickeln. An dieser Stelle wird bereits angedeutet, warum z. B. „Fehlfarben" des Fells auch etwas mit Verhalten zu tun haben können, und warum das Nebennierenmark Stresshormone (Adrenalin, Noradrenalin) produzieren kann, die einen großen Einfluss auf das Nervensystem haben. Unsere Vorfahren haben durch Selektion aus dem Wolf einen Hund gemacht. Diese Selektion bezog sich überwiegend auf die äußeren Merkmale (Aussehen: Fell, Gestalt und Funktion der Sinnesorgane) und inneren Merkmale (Verhalten: Nervensystem, Stressachse), die gemeinsam aus dem Ektoderm hervorgehen. Für das Endoderm (auch „Entoderm"), die innere Keimscheibe, haben sich unsere Vorfahren wohl eher weniger interessiert. Sie wird den Verdauungstrakt und die Harnröhre sowie u. a. Leber, Schilddrüse, Bauchspeicheldrüse und den Atmungstrakt hervorbringen.

Unterhalb des Ektoderms bildet sich in den nächsten Tagen eine weitere Schicht, das sogenannte mittlere Keimblatt („Mesoderm"). Aus dem Mesoderm werden sich Knochen, Skelettmuskulatur, Bindegewebe, die glatte Muskulatur der Eingeweide, Herz, Blutgefäße und Blutkörperchen, Milz, das Lymphsystem, Nieren, Nebennierenrinde (Stresshormon Cortisol) und Keimdrüsen entwickeln. Mit der Entstehung des Mesoderms ist die Entwicklung des Embryos zu einer dreischichtigen Keimscheibe am Ende der zweiten Woche abgeschlossen und die Entwicklung des Nervensystems und der anderen Organe, die wir hier nicht weiter begleiten werden, kann beginnen.

Die Entwicklung des Gehirns beginnt mit der sogenannten Neuralinduktion. Substanzen, die von Zellen des Mesoderms (mittleres Keimblatt) hergestellt werden, lösen bei den darüber liegenden Zellen des Ektoderms (oberes Keimblatt) eine Differenzierung aus, die zur Bildung des „Neuroektoderms" führt. Aus den Zellen dieser spezialisierten Region, der sogenannten „Neuralplatte", wird der größte Teil des Nervensystems unseres Welpen entstehen.

An den Rändern der Neuralplatte entstehen zunächst neue Zellen, die sich zu den sogenannten Neuralfalten aufwerfen. Dazwischen entstehen durch weitere Zellteilungen in der Neuralplatte neue Zellen, die sich jedoch nicht auftürmen, sondern nach unten absinken und die „Neuralrinne" bilden. Dabei nähern sich die Ränder der Neuralfalten immer weiter an, bis sie sich oberhalb der Neuralrinne treffen und so das „Neuralrohr" vom Ektoderm abtrennen. Dieser Vorgang der Verschmelzung zum Neuralrohr heißt „Neurulation" und setzt beim Hund um den 19. Embryonaltag ein. Er beginnt im Halsbereich und setzt sich von dort aus Richtung Schwanz- und Kopfende fort. Wenn das gesamte Neuralrohr geschlossen ist, ist am Kopfende eine birnenförmige Auftreibung (Hirnbläschen) entstanden, aus der das Gehirn entstehen wird. Der hintere Teil des Neuralrohrs wird zum Rückenmark. Manchmal geht bei diesem Prozess etwas schief und das Neuralrohr schließt sich entweder im Kopf- oder Schwanzbereich nicht vollständig. Wenn der vordere Teil offen bleibt, kommt es zu einer Anencephalie (Fehlen des Groß- und Zwischenhirns, evtl. weiterer Hirnteile sowie des Schädeldachs). Dies wird bei Hunden äußerst selten berichtet, es werden jedoch Fälle in der Fachliteratur beschrieben. Die Welpen sind nicht lebensfähig. Bei Menschen tritt dieses Phänomen relativ häufig auf (ca. 1:1000) und wird insbesondere mit Folsäuremangel, aber auch mit anderen Umweltfaktoren (u. a. Pestiziden, organischen Lösungsmitteln, Medikamenten- und Drogenmissbrauch, Quecksilber, Infektionskrankheiten) in Verbindung gebracht.

Die Zellen, die zunächst die Neuralfalten gebildet haben, vermehren sich ebenfalls weiter und verlagern sich vom Ektoderm weg in die Tiefe. So entstehen neben dem Neuralrohr zwei parallel verlaufende Stränge, die „Neuralleisten", die sich zu wichtigen Teilen des vegetativen Nervensystems entwickeln werden.

Nachdem sich das Neuralrohr geschlossen hat, bilden sich im vorderen Abschnitt die sogenannten Hirnbläschen (s. Abb. 14): ein Vorderhirnbläschen (Prosencephalon), ein Mittelhirnbläschen (Mesencephalon) und ein Rautenhirnbläschen (Rhombencephalon). Aus dem Vorderhirnbläschen werden sich das Großhirn und das Zwischenhirn entwickeln, aus dem Mittelhirnbläschen das Mittelhirn und aus dem Rautenhirnbläschen werden Kleinhirn, Pons und verlängertes Mark hervorgehen. In diesem Stadium entsteht also die Grundlage für die Untergliederung des Gehirns in die verschiedenen Teile, die wir im 1. Kapitel kennengelernt haben.

In der weiteren Entwicklung wachsen vom Vorderhirnbläschen weitere paarige Bläschen aus. Aus dem Hirnteil, der später zum Zwischenhirn wird, stülpen sich die Augenblasen aus, die sich zur Netzhaut (Retina) entwickeln, während der Teil, der zum Großhirn wird, die Hemisphärenbläschen ausbildet, die das Zwischenhirn überwachsen (vgl. Kapitel 1 für die äußere Ansicht des erwachsenen Gehirns mit den beiden Großhirnhälften).

Was wir bisher beobachtet haben, sind jedoch nur die Veränderungen, die an der Oberfläche des Gehirns sichtbar werden. Das Interessanteste passiert im Inneren auf der Ebene der Zellen. Neuralrohr und Neuralleiste bestehen aus sogenanntem „Neuroepithel". Aus dem Neuroepithel werden sich die Nervenzellen und die Gliazellen entwickeln. Gliazellen sind eine weitere Art von Zellen im Gehirn, welche die Nervenzellen umgeben, sie mit Nährstoffen versorgen, Stoffwechselprodukte abtransportieren und die Myelinscheide bilden. Während die Zellen des Neuralrohrs die Nervenzellen für das Zentralnervensystem bilden (Gehirn und Rückenmark), produziert die Neuralleiste Nervenzellen, die zum vegetativen Nervensystem gehören, und darüber hinaus auch Zellen des Nebennierenmarks und

Melanozyten. Melanozyten sind Pigmentzellen, die u. a. für die Hautfarbe und die Haarfarbe unserer Hunde verantwortlich sind. Die beiden entscheidenden Schritte in der Entwicklung des Nervensystems (Neurogenese) heißen „neuronale Differenzierung“ und anschließend „neuronale Maturation“ (Reifung).

Erwachsene Nervenzellen haben, anders als andere Körperzellen, die Fähigkeit verloren, sich zu teilen. Das bedeutet, dass wir und unsere Hunde im Wesentlichen mit den Nervenzellen auskommen müssen, die sich in dem jetzt kommenden Stadium der Hirnentwicklung bilden. Im Zuge der neuronalen Differenzierung kommt es zunächst zu gesteigerter Zellteilung und Zellwachstum (Proliferation) von etlichen Milliarden neuronaler Vorläuferzellen, sogenannten Neuroblasten. Das sind zukünftige Nervenzellen, die noch kein Axon und keine Dendriten ausgebildet haben. Diese Zahl wird umso beeindruckender, wenn man sich vor Augen hält, dass alle Nervenzellen, die sich so aus Neuroblasten bilden, innerhalb nur weniger Wochen in der Embryonalentwicklung entstehen, ehe die Neuroblasten die Fähigkeit zur Zellteilung verlieren. Dabei entstehen phasenweise bis zu 20 000 neue Neurone pro Minute, beim Menschen teilen sich bis zu 250 000 Zellen pro Minute. Während der Embryonal- und Fetalzeit entstehen fast doppelt so viele Nervenzellen, wie später im erwachsenen Gehirn vorhanden sein werden. Die im Verlauf der Entwicklung nicht mehr benötigten Neurone werden durch programmierten Zelltod beseitigt. Dabei ist es u. a. entscheidend, wie viele Verbindungen ein Neuron zu anderen Nervenzellen ausbilden konnte und wie oft diese Verbindungen genutzt wurden („use it or lose it“ – benutze oder verliere es). Auf dieser Ebene beginnen die frühesten Lernprozesse.

Die nicht mehr teilungsfähigen zukünftigen Nervenzellen, die noch ohne Axon und Dendriten dastehen, werden als Proneurone bezeichnet. Sie bilden sich in der Mitte des entstehenden Gehirns und müssen von dort aus an die Orte gelangen, an denen sie später ein Hundeleben lang ihre Funktion erfüllen werden. Die Bewegung (Migration) von Proneuronen findet entlang von besonderen Leitstrukturen statt, deren Fortsätze sich bis zur späteren Hirnoberfläche erstrecken. Die Proneurone strecken eine „Pionierfaser" entlang dieser Leitstrukturen wie einen Fühler aus und bewegen sich daran entlang zur Hirnoberfläche. Auf diese Weise entsteht die Schichtung der Hirnrinde (im Großhirn überwiegend sechs Schichten). Als kleines Abbild der Evolution werden phylogenetisch ältere Hirnteile zuerst besiedelt, später auch die jüngeren wie die Großhirnrinde.

In ihrer Schicht angekommen, beginnen die Proneurone, Axone auszubilden, die sich tastend ausstrecken (Maturation). Sie kommunizieren mit ihrer Umgebung über Wachstumsfaktorsignale (Signalmoleküle). Einige der Axone kreuzen dabei die Mittellinie des Gehirns und wachsen in die andere Großhirnhälfte ein, wo sie Verbindungen mit ihren Zielstrukturen eingehen, andere bleiben in ihrer Hälfte und bewegen sich womöglich nur wenige Millimeter. Wenn man sich vor Augen hält, das ein einziges menschliches Gehirn so viele Verbindungen von Nervenzellen untereinander enthält, wie es Sterne im gesamten Universum gibt (beim Hund dürften es nur unwesentlich weniger sein), dann ist es unfassbar, wie es einzelnen Nervenzellen gelingt, in diesem Chaos von Milliarden tastender Proneurone ihre Partner zu finden und sich zu funktionalen Schaltkreisen zusammenzuschließen. Ein weiterer Maturationsschritt besteht in der Ausbildung von Dendriten, die es anderen Axonen erlauben, Kontakt herzustellen. Dabei entsteht die charakteristische Form jeder Nervenzelle, wobei es eine große Bandbreite möglicher Formen gibt, die stark von der Funktion der Nervenzelle abhängen. Ein letzter Schritt besteht darin, dass die Zellen beginnen, ihre spezifischen Neurotransmitter herzustellen und schließlich synaptische Kontakte mit anderen Nervenzellen einzugehen. Irgendwann ist es dann irgendwo im Gehirn so weit: der elektrische Funke zündet und das Wechselspiel beginnt – von elektrischen Impulsen, die in chemische Signale umgewandelt werden, die ihrerseits elektrische Impulse generieren. Das Gehirn unseres Welpen hat seine Arbeit aufgenommen.

Die Hirnentwicklung vollzieht sich in zwei Wachstumsschüben, ungefähr im ersten und letzten Drittel der Trächtigkeit, wobei sich die zweite Phase bis in die nachgeburtliche Welpenzeit hineinzieht. Während beider Phasen wirken sich schädliche Umwelteinflüsse besonders verheerend auf die Hirnentwicklung aus, während sie in der dazwischenliegenden Phase eher die Entwicklung anderer Organe schädigen. Dabei ist die erste Phase besonders empfindlich für endogene Einflüsse, wie z. B. genetische Anomalien, und exogene Störungen wie Strahlung und virale Infektionen. Diese können zu schweren Fehlbildungen des Gehirns führen, wobei die Folgen von mentaler Retardierung und Blindheit bis zum Tod reichen können. In der zweiten Phase besteht dagegen eher eine Anfälligkeit für exogene Umweltgifte, die u. a. über die Ernährung der Mutter in den Blutkreislauf des Fötus gelangen, Mangelernährung oder auch Drogen wie Nikotin, wenn die trächtige Hündin in einem Raucherhaushalt lebt.

Umwelteinflüsse mit dem Potenzial, während der pränatalen Phase Schädigungen zu bewirken, heißen Teratogene. Dazu gehören Chemikalien wie Tabakrauch, Dioxine (eine Gruppe organischer Substanzen, die u. a. als Nebenprodukte in der Industrie entstehen, dadurch mittlerweile in großen Mengen in die Umwelt gelangt sind und heute in Fleisch, Muttermilch, Luft, Wasser und Boden nachgewiesen werden können), Schwermetalle (u. a. Blei, Quecksilber) und Strahlung.

Es besteht ein Zusammenhang zwischen der Dosis der Teratogene und der Stärke der Schädigung sowie mit der Anfälligkeit einzelner Individuen für bestimmte Teratogene. Schädigungen in der zweiten sensiblen Phase sind oft nicht so schwerwiegend, dass sie sofort nach der Geburt ins Auge fallen, und werden häufig erst später in der Entwicklung sichtbar, wenn sich der Welpe anders entwickelt, als seine Geschwister (Entwicklungsrückstände, Entwicklung von Verhaltensauffälligkeiten, sogenannte „Sleeper-Effekte“).

## DIE GENE UND DAS GEHIRN

Wir haben gesehen, wie sich das Gehirn aus der befruchteten Eizelle entwickelt, aber wie genau entstehen eigentlich Zellen? Woher weiß eine Nervenzelle, welchen Neurotransmitter sie produzieren soll? Wie entstehen die Synapsen und die Rezeptoren, an denen die Neurotransmitter andocken? Was hat das alles mit Hundezucht und Verhalten zu tun? Die Antworten, die wir suchen, stecken allesamt in den Genen. Jede Zelle, die sich teilt, gibt den gesamten genetischen Code des Individuums an die Tochterzellen weiter (mit Ausnahme der Keimzellen oder „Gameten“, die nur die Hälfte der Information enthalten). Welche Teile der DNS dann innerhalb einer Zelle ausgelesen werden, bestimmen sogenannte „epigenetische“ Marker. Gene regeln auf diese Weise die Ausdifferenzierung des Gehirns im Mutterleib und steuern später die Funktion des erwachsenen Gehirns.

Wenn wir verstehen wollen, wie verschiedene Rassen mit unterschiedlichen genetischen Anlagen einen unterschiedlichen Körperbau und damit auch unterschiedliche Gehirne hervorbringen, aus denen ihre besonderen Talente und Verhaltensweisen entspringen, dann hilft uns ein grundlegendes Verständnis von Genetik und Epigenetik nicht nur bei der Welpenauswahl, sondern auch bei der Erziehung unserer Hunde, indem wir die Grenzen von Umwelteinflüssen, zu denen auch die Erziehung gehört, besser verstehen. Details dazu finden sich in Sommerfeld-Sturs 2016 erschienenem Buch „Rassehundezucht".

## Die Genetik

Verhalten ist ohne Genetik nicht denkbar, da es ohne die DNS keine Hunde geben würde. Die Auswirkungen der Genetik sind wiederum ohne Umwelt nicht vorstellbar, da man keinen Hund ohne eine Umwelt aufziehen kann. Der Mutterleib ist bereits eine Umweltumgebung, und wie wir gesehen haben, können sich auch hier schon Umweltfaktoren, wie z. B. Fehlernährung, ungünstig auf die Hirnentwicklung auswirken. Selbst Hirnzellen können sich nur in der Interaktion mit anderen Strukturen in ihrer Umgebung entwickeln, die ihnen z. B. bei ihrer Migration den Weg weisen. Damit ist die Frage nach der prozentualen Verteilung von genetischen und Umwelteinflüssen auf Erleben und Verhalten eigentlich sinnlos.

Dennoch ist es wichtig festzuhalten, dass viele Aspekte des Verhaltens genetischen Einflüssen unterliegen. Dies zeigt sich sowohl im Bereich grundlegender psychischer Funktionen wie kognitiver Fähigkeiten, Emotion, Motivation und Gedächtnis als auch in der Anfälligkeit für die Entwicklung psychischer Erkrankungen, die mit Störungen im Erleben und Verhalten einhergehen. Diese genetischen Einflüsse sind willentlich nicht zu verändern, und sie können auch nicht „anerzogen" oder „wegerzogen" werden. Daneben wissen wir aus der Forschung jedoch auch, dass viele genetische Risikofaktoren erst in Interaktion mit ungünstigen Umweltbedingungen zu problematischem Erleben und Verhalten führen. Um Fehlschlüsse zu vermeiden, müssen wir also einen differenzierten Blick auf das Thema Gene und Gehirn werfen.

## Gene enthalten den Bauplan für Proteine

Wir haben das Wunder der Hirnentwicklung gesehen, aber darunter liegt ein weiteres erstaunliches Phänomen: das Protein. Proteine bestehen aus verschiedenen Aminosäuren. Eine Aminosäure, als kleinster Baustein der Proteine, besteht aus 4 Sorten von Atomen: Kohlenstoff, Wasserstoff, Sauerstoff und Stickstoff. Diese Atome entstehen durch Kernfusion in sterbenden Sternen. Eine sehr einfache Aminosäure, Glycin, wurde im interstellaren Raum u. a. in den Sternentstehungsgebieten des Orion gefunden. Chemiker und Astrophysiker untersuchen die Entstehung von Aminosäuren im Weltall, um die Entstehung von Leben im Universum und auf der Erde besser zu verstehen. Unter diesem Gesichtspunkt sind Hunde und alle Lebewesen auf diesem Planeten tatsächlich aus „Sternenstaub“ geformt. Aminosäuren haben die erstaunliche Fähigkeit, sich zu langen Ketten aus über 100 gleichen oder verschiedenen Aminosäuren zusammenzuschließen, die wir „Proteine“ nennen, und Proteine sind die Bausteine, aus denen die Organe, Muskeln, Bindegewebe, Nervenzellen, kurz: der ganze Körper, bestehen. Dabei bestehen alle tierischen Individuen aus nur 21 verschiedenen Aminosäuren. Die Eigenschaften eines Proteins hängen davon ab, welche Aminosäuren in welcher Reihenfolge miteinander verknüpft wurden. Aufgrund von elektrischen Kraftfeldern, die zwischen den Atomen interagieren, haben Proteine eine jeweils typische dreidimensionale Gestalt im Raum, die ihre Funktion stark bestimmt. Erst künstliche Intelligenz hat uns geholfen, einige dieser Strukturen zu bestimmen, so komplex sind sie. Damit funktionsfähige Proteine entstehen und Leben existieren kann, müssen die Reihenfolgen der Aminosäuren im Protein penibel eingehalten werden. Das Erstaunliche ist, wie es dem Leben gelungen ist, die Baupläne für diese Reihenfolge auf eine Weise festzuhalten, die von Generation zu Generation kopiert und weitergegeben werden kann: in der DNS, dem genetischen Code aller Lebewesen.

Proteine haben die verschiedensten Aufgaben im Organismus, auch im Nervensystem. Einige von ihnen bilden Neurotransmitter, andere Rezeptoren, an welche die Neurotransmitter andocken können. Manche formen Kanalproteine, die die Zellmembran durchstoßen und für den Ionenaustausch sorgen, der die elektrische Aktivität der Nervenzellen aufrechterhält. Proteine sorgen in Form von Enzymen dafür, dass Neurotransmitter abgebaut werden oder wichtige chemische Reaktionen im Rahmen von Stoffwechselprozessen stattfinden können. Sie bilden als Strukturproteine neue Synapsen, die wir zum Lernen brauchen, bilden und bewegen die Muskeln, steuern Wachstumsprozesse oder transportieren Stoffe. Wenn ein einziges Protein aufgrund falscher Informationen im genetischen Code (z. B. durch Mutation) falsch aufgebaut wird, kann es seine Funktion als Rädchen in diesem empfindlichen und komplexen Getriebe nicht mehr erfüllen und es kommt zu Störungen, die sich u. a. als körperliche Erkrankungen oder als Auffälligkeiten im Erleben und Verhalten äußern können. Wenn er Glück hat, hat der Welpe auch einfach nur die „falsche“ Fellfarbe.

Was ist diese DNS? Es handelt sich um Desoxyribonukleinsäure (DNS) oder englisch: deoxyribonucleic acid (DNA). Das ist ein langes, fadenförmiges Molekül in Form der berühmten Doppelhelix, das in Abbildungen wie eine verdrehte Strickleiter aussieht. Die Strickleiter besteht aus den „Nukleotiden“. Nukleotide sind Bausteine, welche selbst aus drei Teilen bestehen: einem Zucker mit fünf Kohlenstoffatomen, einer oder mehreren Phosphatgruppen und einer Base. Die „Stricke“ der Strickleiter werden vom Zucker und den Phosphatgruppen gebildet, die „Sprossen“ von jeweils zwei Basenpaaren, die sich in der Mitte über Wasserstoffbrücken miteinander verbunden haben. Die DNS enthält nur vier verschiedene Nukleotide, die sich in den beteiligten Basen unterscheiden: Adenin (A), Guanin (G), Cytosin

(C) und Thymin (T). Es sind aufgrund der räumlichen Struktur der Basen nur zwei Kombinationen von Basenpaaren möglich: Adenin und Thymin (A–T) und Cytosin und Guanin (C-G). Mit diesem einfachen Alphabet mit nur vier Buchstaben werden sämtliche der über 100 000 Proteine des Organismus codiert. Trennt man beide Stränge in der Mitte wie einen Reißverschluss und liest nur eine Hälfte der Basenpaare aus, dann ist über diese eindeutige Zuordnung klar, welcher Buchstabe auf die andere Seite gehört. So muss z. B. der Reihenfolge ATC auf der einen Seite zwingend die Reihenfolge TAG auf der anderen Seite entsprechen. Diese eindeutige Zuordnung ist, wie wir gleich sehen werden, die Grundlage für den Prozess, durch den abstrakte genetische Information in reale Proteine verwandelt wird. Nur ca. 1,5 % der Gene sind codierende Gene, die tatsächlich den Bauplan für Proteine festlegen, während die anderen nicht-codierenden Gene z. B. für die Regulation der Aktivität der codierenden Gene verantwortlich sind.

Die „Wörter", die immer aus verschiedenen Kombinationen (z. B. ATC, CAG, ...) von drei der vier möglichen Buchstaben bestehen (Tripletts), nennt man „Codons". Jedes Codon hat eine ihm zugeordnete Aminosäure, sodass sich aus der Reihenfolge der Codons im DNS-Strang direkt die Reihenfolge ergibt, in der die Aminosäuren für ein bestimmtes Protein aneinandergekettet werden sollen. (Daneben gibt es natürlich noch Start- und Stoppcodons, die die Baupläne unterschiedlicher Proteine trennen.) Jetzt wird es ganz kurz etwas mathematisch: es gibt $4 \times 4 \times 4 = 64$ verschiedene Kombinationen, wie man Tripletts aus einem Pool von vier Buchstaben bilden kann. Dagegen gibt es nur 21 zu codierende Aminosäuren. Also hat jede Aminosäure mehr als ein Triplett, von dem sie codiert wird, manche bis zu sechs. Und jetzt wird es noch einmal spannend: Fast alle Organismen auf diesem Planeten codieren mit demselben Triplett dieselbe Aminosäure. Dies spricht dafür, dass wir uns mit unseren Hunden, Plattwürmern und Zimmerpflanzen einen gemeinsamen Ursprung teilen, aus dem sich alle Lebewesen differenziert haben.

Zahlreiche Proteine im Körper werden erst in einem zweiten Schritt aus mehreren Aminosäureketten zusammengebaut, die zuvor aus der Information von verschiedenen Genen gebildet wurden. Auf diese Weise sind viele genetisch determinierte Merkmale eines Organismus „polygen“ angelegt, d. h. mehrere Gene liefern die Information für das fertige Protein. Dieses polygene Zusammenspiel macht die Suche nach den beteiligten Genen an bestimmten Aspekten des psychischen Erlebens und Verhaltens oft schwierig.

### Die Proteinsynthese

Wie werden aus dem Bauplan in der DNS, der im Grunde nur Information enthält, echte Proteine? Dazu muss die Information aus den Genen ausgelesen werden. Zunächst wird der relevante Abschnitt der DNS in einen Zustand versetzt, in dem er ausgelesen werden kann. Dies geschieht oft nur in Anwesenheit bestimmter „Transkriptionsfaktoren“. Das sind Proteine, die bei Stoffwechselvorgängen in der Zelle aktiviert werden. Wird eine Nervenzelle erregt, setzt sie unter bestimmten Umständen „Energieträger“ (cAMP) frei, die dafür sorgen, dass Transkriptionsfaktoren aktiviert werden. Die Transkriptionsfaktoren können aus anderen Bereichen der Zelle und sogar aus der Umgebung der Zelle (und somit der Umwelt) stammen. Werden sie aktiviert, stoßen sie ihrerseits den Bau von Proteinen aus der genetischen Information an. Diese Proteine nutzt die Nervenzelle dann, um z. B. Synapsen zu verändern. Synaptische Umbauprozesse sind die Grundlage dessen, was wir „Lernen“ nennen. Auf diese Weise beeinflusst das, was unsere Hunde erleben, fühlen und denken, indirekt die physische Struktur ihres Gehirns.

Liegen geeignete Bedingungen vor, trennt sich die Doppelhelix wie ein Reißverschluss an der Stelle, die ausgelesen werden soll, auf. Dabei entstehen zwei Stränge. Einer davon wird ausgelesen, kopiert und die Kopie wird aus dem Zellkern geschleust. In den sogenannten Ribosomen werden jetzt anhand der in der Kopie enthaltenen Informationen Aminosäuren in der richtigen Reihenfolge zusammengesetzt, um das gewünschte Protein zu bilden. Nachträglich kann das Protein dann am sogenannten Golgi-Apparat auf die passende Weise verändert werden, sodass genau die Substanz entsteht, die die Zelle braucht.

### EXKURS

Am Golgi-Apparat werden die Proteine modifiziert, indem z. B. Anfangssequenzen der Aminosäurekette abgetrennt, Fette oder Zucker angelagert oder durch Phosphorylierung, Methylierung oder Acetylierung chemische Gruppen an das Protein angehängt werden. Dadurch können aus inaktiven Vorstufen aktive Substanzen entstehen.

Die fertigen Proteine falten sich dann in ihre spezifische räumliche Struktur und werden ggf. für den Weitertransport zu ihrem Wirkungsort verpackt und abtransportiert.

Bei der Proteinsynthese geht nicht immer alles glatt. Es entstehen fehlgefaltete oder anderweitig beschädigte oder unbrauchbare Proteine, die teilweise giftig sind und den Stoffwechsel der Zelle beeinträchtigen. Diese Abfallprodukte müssen entsorgt werden. Da eine aktive Zelle jedoch nur begrenzt dazu fähig ist, erfolgt der Austausch dieser Stoffwechselprodukte hauptsächlich im Schlaf, wenn die Zelle viel weniger aktiv ist. Hindert man einen Organismus lange genug am Schlafen, stirbt er. Wir werden in Kapitel 8 noch darauf zu sprechen kommen.

Eine andere Ursache, die zur Entstehung unpassender Proteine führt, sind Mutationen. Wie wir gesehen haben, müssen die Basenpaare in der DNS in genau der richtigen Reihenfolge angeordnet sein, damit sie die passende Aminosäure kodieren. Manchmal geht, z. B. durch Umwelteinflüsse wie Strahlung, ein Basenpaar verloren, sodass plötzlich die falsche Aminosäure codiert wird. Wird diese falsche Aminosäure statt der passenden in ein Protein eingebaut, verliert oder verändert die fertige Substanz ihre Funktion. Die Zelle verfügt zwar über Reparaturmechanismen, die Fehler in der DNS erkennen und ausbessern, aber manchmal sind diese selbst fehlerhaft und bauen z. B. die falsche Base in die DNS ein. Auch dies führt zu falschen Bauplänen und zu veränderten Proteinen. Eine Zelle, deren Baupläne in der DNS verändert wurden, kann nie wieder die korrekten Proteine herstellen. Finden diese Mutationen in den Keimzellen statt, können sie an die nächste Generation weitergegeben werden. Werden genetische Informationen, die eine körperliche oder psychische Erkrankung zur Folge haben, an die nächste Generation weitergegeben, sprechen wir von Erbkrankheiten.

Auch körperliche und psychische Varianten ohne Krankheitswert werden so innerhalb von Familienlinien weitergegeben. Die Forschung zeigt, dass Persönlichkeitsvarianten des Merkmals „Ängstlichkeit“ mit Varianten eines Gens in Zusammenhang stehen, das den Aufbau von Transportproteinen des Neurotransmitters Serotonin steuert. Eine spezifische Kombination von drei Varianten eines Dopamin-Transporter-Gens ist eng mit ADHS verbunden. Die Varianz der Intelligenz, die mit der Dichte der grauen Substanz in bestimmten Hirnbereichen zusammenhängt, ist zu 40–70 % genetisch determiniert. Der Zusammenhang zwischen Genen, Funktion der Nervenzellen und Aufbau des Gehirns ist die Grundlage der durch Hundezucht erreichbaren körperlichen und psychischen Varianz unserer Haushunde.

### Die Epigenetik

Die Erkenntnisse der Epigenetik zeigen, dass Umweltbedingungen die Aktivität des Genoms verändern können und zwar über mehrere Generationen hinweg. Da epigenetische Effekte insbesondere auf das Stresssystem bei Mäusen und anderen Säugern nachgewiesen werden konnten, interessieren sich viele Hundehalter dafür, ob Traumata und chronischer Stress lebenslange Auswirkungen auf ihre Hunde haben können und ob diese Auswirkungen vererbbar sind. Tatsächlich konnte in Experimenten gezeigt werden, dass bestimmte Arten von Stress lebenslange und generationenübergreifende epigenetische Effekte am Genom auslösen können, die die Aktivität bestimmter Gene herauf- bzw. herunterregulieren.

### Was ist Epigenetik?

Um uns das erklären zu können, müssen wir zunächst verstehen, was Epigenetik überhaupt ist. Derzeit existiert noch kein abschließender Konsens unter Wissenschaftlern, was unter Epigenetik verstanden werden soll. Obwohl der Begriff bereits in den 1940er Jahren von Conrad Waddington geprägt wurde, steht die epigenetische Forschung noch am Anfang und gewinnt erst seit den 1990er Jahren zunehmend an Bedeutung.

Eine sehr verbreitete und für unsere Zwecke brauchbare Definition stammt von Gerda Egger und ihren Kollegen (2004): „Der Begriff Epigenetik definiert alle meiotisch und mitotisch vererbbaren Veränderungen in der Genexpression, die nicht in der DNA-Sequenz selbst codiert sind."

Für alle, die nicht gerade aus dem Biologie-Leistungskurs kommen, nehmen wir die Definition mal Schritt für Schritt auseinander. Meiose ist der Begriff für die Vorgänge, die bei der Bildung der Keimzellen (Eizelle und Spermium) ablaufen. Bei der Entstehung von Keimzellen wird die Anzahl der Chromosomen halbiert, sodass nur ein halber Chromosomensatz je vom Vater und der Mutter weitergegeben wird. Diese halben Chromosomensätze verschmelzen bei der Befruchtung der Eizelle miteinander und ergeben zusammen das rekombinierte, vollständige Genom des Welpen.

Das bedeutet, dass sich Epigenetik zum einen damit befasst, wie etwas an den Welpen von den Elterntieren vererbt werden kann, das nicht im Code der DNS selbst gespeichert ist, sondern durch Umwelteinflüsse, denen die Elterntiere ausgesetzt waren, geprägt werden kann, etwa durch traumatische Erlebnisse.

Mitose beschreibt die Vorgänge während der Zellteilung aller anderen Zellen im Körper. Dabei wird der vollständige Chromosomensatz an die Tochterzellen weitergegeben.

Kurz nach der Befruchtung teilt sich die Eizelle zum ersten Mal. Die beiden entstandenen Zellen teilen sich wiederum – und noch einmal teilen sich alle Zellen. Jetzt sind acht Zellen entstanden, und diese acht Zellen haben – jede für sich, noch das Potenzial, einen vollständigen Organismus hervorzubringen (totipotente Zellen = Entstehung eineiiger Zwillinge und Mehrlinge). Die Zellen stehen nun an einer Schwelle. Ab dem nächsten Teilungsschritt werden sie diese Fähigkeit verlieren und beginnen, sich zu spezialisieren. Ihr Entwicklungspotenzial wird mit jeder Teilung weiter eingeschränkt, bis aus ihnen hochspezialisierte Zellen wie Leberzellen, Muskelzellen, Drüsenzellen und eben auch Nervenzellen geworden sind.

Epigenetik befasst sich also zum anderen damit, wie es möglich ist, dass aus totipotenten Zellen und Stammzellen spezialisierte Zellen werden. Auch diese spezialisierten Zellen enthalten ja noch das gesamte Genom in der DNS. Wie ist es möglich, dass jede Zelle „weiß“, welchen Teil dieses riesigen Bauplans sie wann und in welcher Reihenfolge auslesen und in Proteine verwandeln soll, die ihre spezifischen Funktionen ermöglichen? Die Antwort liegt in epigenetischen Markern.

Eine Definition von Epigenetik von Adrian Bird (2007) bringt es auf den Punkt: „Epigenetik beschreibt die strukturelle Anpassung chromosomaler Regionen, um veränderte Zustände der Aktivierung zu kodieren, zu signalisieren oder zu konservieren.“ Er konzentriert sich also nicht nur auf die vererbbaren Aspekte der Veränderung der DNS, sondern auch auf Veränderungen, die noch während der Lebenszeit der Zelle ihre genetische Aktivität und damit ihre Funktion beeinflussen, ohne die DNS durch Mutation zu verändern.

### Mechanismen der Epigenetik

Wie genau funktioniert das? Zwei wichtige epigenetische Mechanismen sind die Histon-Modifikation und die DNS-Modifikation durch Methylierung. (Keine Sorge, das klingt wegen der Fachwörter viel komplizierter, als es ist.)

Das Genom des Hundes ist eine aus ca. 2,8 Milliarden Buchstaben (Basen) bestehende Doppelhelix, die mit ca. 2 m ähnlich lang ist wie die des Menschen. Diese 2 m lange „Schnur“ ist in den winzigen Zellkernen jeder Zelle im Körper enthalten. Wie passt sie da rein? Ähnlich, wie wir 100 m Draht in einen kleinen Werkzeugkoffer hineinbekommen: Wir wickeln ihn auf eine Spule auf. Diese Spulen heißen „Histone“, und diese Histone werden durch epigenetische Prozesse modifiziert. Sie haben freie Bindungsstellen, an denen u. a. Acetyl-, Methyl- oder Phosphorylgruppen andocken dürfen. Acetylgruppen aktivieren i. d. R. die aufgewickelten DNS-Abschnitte, sodass sie ausgelesen werden können, während methylierte Histone ganze Abschnitte der DNS in einen inaktiven Zustand versetzen, in dem sie kompakter sind und weniger Raum im Zellkern einnehmen.

Darüber hinaus haben Gene chemische Schalter in der sogenannten Promotor- und der Enhancerregion, die aktiviert werden müssen, ehe das Gen ausgelesen werden kann. Auch hier können Methylgruppen binden und so die Genaktivität beeinflussen. Die Methylierung erfolgt oft im Verlauf der Entwicklung einer Zelle in Interaktion mit Umweltfaktoren und kann für die gesamte Lebensdauer der Zelle erhalten bleiben. Da Nervenzellen nicht mehr zur Teilung fähig sind, können Methylierungen hier für die gesamte Lebensspanne des Organismus bestehen bleiben, und auf diese Weise können Umweltfaktoren während der Schwangerschaft der Mutter sowie frühe Bindungs- und Beziehungserfahrungen u. a. Einfluss auf das Stress-Hormon-System des ungeborenen Welpen nehmen.

## DIE ENTWICKLUNG DES WELPENHIRNS NACH DER GEBURT

### Use it or lose it – Sensible Phasen

Noch ehe die Welpen den Mutterleib verlassen, ist ihr Gehirn so weit entwickelt, dass alle Funktionen, die unmittelbar nach der Geburt gebraucht werden, schon ausgiebig geübt worden sind. Ungeborene Welpen können schlucken, gähnen und ihre Gliedmaßen bewegen. Es treten Unterschiede im Aktivitätsniveau der Welpen auf, die sich in ihrem Verhalten nach der Geburt fortsetzen. Zyklen aus Aktivitäts- und Ruhephasen, die Vorläufer des Schlaf-Wach-Verhaltens, finden bereits statt. Die Sinnesorgane und die dazugehörigen Hirnzentren nehmen im Mutterleib – soweit es schon möglich ist – ihre Arbeit auf. Vibrationen können wahrgenommen werden, über den Geschmack bzw. den Geruch des Fruchtwassers werden Nahrungspräferenzen angebahnt, die ungeborenen Welpen fühlen Berührungen und Druck, z. B. durch Anstoßen an der Gebärmutterwand und durch Kontakt mit den Geschwistern. Aus Versuchen an menschlichen Föten wissen wir, dass auch einfache Lernformen wie Habituation schon im Mutterleib stattfinden können.

## EXKURS

In Bezug auf den Menschen dachte die Fachwelt lange, dass sich das Hören erst in der ersten Lebenswoche entwickelt und Neugeborene taub seien. Tatsächlich reagiert der ungeborene Fötus bereits in der 19. Schwangerschaftswoche auf insbesondere tiefe Töne. Ungefähr 3–6 Wochen vor der Geburt reagieren Föten auch auf die höheren Frequenzbereiche zwischen 1 000–3 000 Hz. Die menschliche Stimme umfasst Frequenzbereiche zwischen ca. 500–5 000 Hz. Damit wird bereits vor der Geburt die Grundlage für auditorisches Lernen und Bindungspräferenzen geschaffen. Neugeborene zeigen in Versuchen direkt nach der Geburt eine Präferenz für die Stimme von vertrauten Personen, insbesondere der Mutter, und können vertraute musikalische Muster erkennen. In Bezug auf Welpen findet man noch verbreitet die Ansicht, dass sie erst mit Öffnung des Ohrkanals im Alter von 2 Wochen hören können. Versuche zeigen jedoch, dass das Hörvermögen, abhängig von der Lautstärke der Geräusche, bereits am 3. Tag nach der Geburt nachgewiesen werden kann und die Hörschwelle um den 20. Tag das Niveau erwachsener Hunde erreicht.

Das Welpenhirn als biologische Struktur unterscheidet sich in den ersten Stunden nach der Geburt kaum vom ungeborenen Gehirn einige Stunden zuvor. Die Umwelt, aus der es seine Informationen erhält, hat sich mit der Geburt jedoch plötzlich und entscheidend verändert. Auch wenn Augen und Ohren noch nicht richtig funktionieren, sorgen die übrigen Sinne dafür, dass unzählige neue Reize plötzlich auf das Netzwerk der Nervenzellen einströmen und als Reaktion darauf beginnt dieses Netzwerk, sich systematisch zu verändern.

Der Welpe wird mit sehr viel mehr Nervenzellen geboren, als er später als erwachsener Hund noch zur Verfügung haben wird. Unter dem Einfluss der Umweltreize nach der Geburt vernetzen sich die Nervenzellen in exponentieller Zahl miteinander, indem sie neue Synapsen bilden und vorhandene Synapsen neu organisieren. Jede Synapse, über die ein elektrisches Signal weitergeleitet wird, wird dabei in ihrer Funktion gestärkt. Die Wahrscheinlichkeit, dass ein elektrisches Signal in einem Netzwerk mit mehreren möglichen Wegen zur Weiterleitung über eine bereits genutzte Synapse weitergeleitet wird, steigt mit jeder weiteren Nutzung an. Seltener genutzte Synapsen werden dagegen immer weniger angesteuert und in ihrer Funktion geschwächt. Dies löst ein Massensterben von Neuronen aus. Alle Nervenzellen, denen es nicht gelingt, eine ausreichende Zahl an Synapsen mit anderen Nervenzellen zu bilden und zu erhalten, sterben in den ersten Wochen nach der Geburt den programmierten Zelltod. Übrig bleiben die Neurone, die sinnvolle Verknüpfungen untereinander bilden konnten. Auf diese Weise organisiert sich das komplexe Netzwerk des Gehirns selbst, sodass es Informationen auf sinnvolle Weise verarbeiten und an die Umwelt angepasstes Verhalten hervorbringen kann. „Use it or lose it" (benutze oder verliere es) lautet das zugrunde liegende Prinzip.

Wir sehen dieses Prinzip im Phänomen der sensiblen Phasen. In bestimmten Zeitfenstern benötigen die entsprechenden Nervenzellen eines Funktionskreises Stimulation, um ein funktionales Netzwerk ausbilden zu können. Bleiben die Umweltreize aus, die zu den elektrischen Signalen in den zugehörigen Netzwerken im Gehirn führen, gehen die Neurone in diesen Netzwerken ein oder übernehmen andere Funktionen. Da sich Nervenzellen nicht mehr teilen können, ist ein Verlust permanent. Die Funktion, die das Netzwerk hätte erfüllen sollen (z. B. Wahrnehmungsleistungen wie Sehen oder Steuerung von

Sozialverhalten und Impulskontrolle, u. a.), kann manchmal gar nicht mehr und oft nur noch eingeschränkt erfüllt werden.

Das bedeutet für die Praxis jedoch nicht, dass wir eine übertriebene Frühförderung brauchen. Das Gehirn von Hunden hat sich in den letzten zehntausenden von Jahren an die belebte und unbelebte Umwelt angepasst, in die ein Hund damals hineingeboren wurde. Um beispielsweise vernünftig sehen zu lernen (Formen, Farben, räumliches Sehen), genügt es, in den ersten Lebenswochen und Monaten in jener visuellen Umwelt aufzuwachsen, in welcher der Hund später auch leben soll: mit den Höhenunterschieden, Farben, Formen und Bewegungen des Alltags. Dasselbe gilt für eine gesunde Entwicklung von Selbstregulation und Sozialverhalten. Jedes Gehirn braucht zur gesunden Entwicklung eine altersangemessene Stimulation – weder zu viel noch zu wenig – wie sie normalerweise in einer artgerechten Umgebung auftritt.

Wächst ein Hund dagegen z. B. in einem gefliesten steril-weißen Raum oder in einem dunklen Gartenschuppen auf, wird das Gehirn in vielen Bereichen zu wenig stimuliert. Nervenzellen sterben ab und zwischen überlebenden Neuronen werden weniger Synapsen gebildet. Die Netzwerke geschädigter Funktionskreise sind dadurch weniger leistungsfähig und wir sehen die Folgen in Form der sogenannten Deprivationsschäden. Darunter fallen Minderungen der Intelligenz- und Wahrnehmungsleistungen, aber auch Selbstregulations- und soziale Defizite, die sich – je nach Beginn, Schwere und Dauer der Deprivation – nicht mehr oder nur noch teilweise kompensieren lassen. Gerade für die sozialen neuronalen Netzwerke besteht jedoch noch etwas Hoffnung. Da kein Welpe ganz ohne Kontakt zu einem anderen sozialen Lebewesen (Mutter, Amme, Pflegeperson) überleben würde, ist hier ein Minimum an Stimulation und somit auch ein

Minimum an Ausprägung relevanter Funktionskreise gewährleistet. Dennoch treten gerade in diesem Bereich bei ungenügenden Aufzuchtbedingungen schwere Schäden auf, die später nur unzureichend kompensiert werden können und dazu führen, dass der Hund lebenslang „verhaltensauffällig“ ist.

## Entwicklung bis zur Pubertät – Myelinisierung

Parallel zur Neubildung und Neuorganisation von Synapsen und der Entstehung funktionaler Netzwerke findet nach der Geburt im ersten Lebensjahr eine weitere wichtige Entwicklung statt. Nesthocker wie Menschen, Hunde und Ratten kommen im Vergleich zu Nestflüchtern wie Pferden mit weniger entwickelten Gehirnen zur Welt. Viele Axone sind noch nicht von einer Myelinscheide umgeben. Die Myelinscheiden verbessern die Nervenleitgeschwindigkeit und sorgen für weniger Crosstalk (Kurzschlüsse) zwischen den Axonen. Das Gehirn kann mit fortschreitender Myelinisierung also mehr Informationen gleichzeitig verarbeiten und macht weniger Fehler. Die sogenannte Myelinisierung beginnt im Mutterleib unter dem Einfluss von neuronalen Impulsen. Unterschiedliche funktionelle Systeme werden im Verlauf der Entwicklung zu unterschiedlichen Zeitpunkten myelinisiert. Der Prozess beginnt im peripheren Nervensystem und erst später im Gehirn. Sensible Systeme (Reizverarbeitung) werden generell früher als motorische (Bewegung) ausgestattet, weiter zum Schwanzende gelegene Systeme früher als zum Kopfende gelegene. Die Großhirnhälften werden erst nach der Geburt myelinisiert, ebenso wie große Teile tiefer liegender Gehirnstrukturen. Daher können Nesthocker in den ersten Wochen nach der Geburt weder ihre Umwelt richtig wahrnehmen, noch stehen oder laufen. Der Prozess der Myelinisierung ist wie die Bildung von Synapsen durch Umweltreize stark beeinflussbar und von Erfahrung und Nutzung der Nervenzellen abhängig. Das Training bestimmter sensibler oder motorischer Leistungen führt zu stärkerer Myelinisierung der beteiligten Neurone. Die Myelinscheiden sind stark fetthaltig und ihr Aufbau verlangt einen enormen Nährstoffverbrauch. Mangelernährung in den ersten Lebensmonaten kann daher die Entwicklung des Gehirns massiv beeinträchtigen und zu motorischen und geistigen Leistungseinschränkungen führen.

Wichtige Meilensteine in der Myelinisierung fallen mit bekannten sensiblen Phasen des Welpen zusammen. Das Corpus Callosum, der sogenannte Balken, besteht aus Axonen und bildet die Datenautobahn, über welche Nervenzellen einer Hirnhälfte mit den Nervenzellen in der gegenüberliegenden Hirnhälfte Informationen austauschen. Das Corpus Callosum ist im MRT-Bild bei Mischlingen (aus Beagle, Schipperke, Hounds mit 12–16 kg Endgewicht) nicht vor der 3. Lebenswoche erkennbar, bis zur 8. Woche deutlich ausgebildet und ab der 16. Lebenswoche vergleichbar mit dem eines erwachsenen Hundes. Das Kleinhirn, wichtig für die feinmotorische Steuerung und Koordinierung von Bewegungen, und der Hirnstamm reifen mit ca. sechs Wochen und sind mit 12 Wochen gut entwickelt. Das Großhirn reift erst viel später bis zum 9. Lebensmonat (Pubertät). Für Rassen mit geringerem bzw. höherem Endgewicht verschieben sich die Entwicklungsfenster entsprechend nach vorn bzw. hinten. Die Schritte der Reifung verschiedener Hirnstrukturen sind mit denen des Menschen vergleichbar, mit entsprechend kürzeren und früheren Zeitfenstern beim Hund.

Der Prozess der Myelinisierung ist erst mit der Adoleszenz nach der Pubertät abgeschlossen. Einer der Bereiche, der erst in der Pubertät voll ausreift, ist das Frontalhirn. Auch hier erfolgt die Myelinisierung von hinten nach vorn. Während die Nervenzellen eines Funktionskreislaufs myelinisiert werden, funktioniert dieser Bereich nicht mehr richtig und wir sehen die typischen „Ausfälle“. Zuerst reifen die motorischen und prämotorischen Areale, die für die Planung und Steuerung von komplexen Bewegungen zuständig sind. Die pubertierenden Hunde werden genau wie menschliche Teenager, schlaksiger und ungeschickter. Anschließend sind jene Bereiche des Frontalhirns betroffen, die Entscheidungen treffen, Konsequenzen antizipieren, Impulse, Erregung und Gefühle hemmen und an der Aufmerksamkeitssteuerung beteiligt sind. Die Folge sind enthemmtes Verhalten, Gefühlsausbrüche, Konzentrationsprobleme, schlechte Entscheidungen, Unberechenbarkeit, Impulsdurchbrüche, riskante Verhaltensweisen und ein gesteigertes Interesse an neuen und aufregenden Erfahrungen (Jagen, Sexualität). Zuletzt reifen die Bereiche des Frontalhirns, die für die Steuerung von Sozialverhalten und Empathie zuständig sind. Pubertierende Hunde und Teenager beginnen, sich exzessiv für soziale Fragestellungen zu interessieren und hinterfragen Regeln. Ausfälle in all diesen Bereichen sehen wir nicht nur bei Teenagern, sondern auch bei Menschen mit Hirnverletzungen im Bereich des Frontalhirns. Man kann also zu Recht sagen, dass pubertierende Hunde mit derselben Nachsicht betrachtet werden sollten wie Frontalhirnpatienten. Obwohl sie nicht in der Lage sind, ihr Verhalten und ihre Impulse, ihre Erregung und ihre Gefühle in demselben Ausmaß wie vor der Pubertät zu steuern, brauchen sie gerade in dieser Zeit einen sicheren sozialen Rahmen, in dem sie ihre Grenzen erleben und ihre Hemmung immer wieder trainieren können, bei vollem Bewusstsein, dass sie dabei jeden Tag Fehler machen werden, bis ihre Hirnentwicklung mit der Adoleszenz abgeschlossen ist. Erst dann wird ihr Gehirn in der Lage sein, die Konsequenzen ihres Verhaltens abzuwägen, erwachsene Entscheidungen zu treffen und – im Falle von Straßen- und Wildhunden – auszuziehen, eine eigene Familie zu gründen und ihren eigenen Welpen einen sicheren sozialen Rahmen zu bieten, in dem sie aufwachsen können.

KAPITEL 3

# WAHRNEHMUNGS-PSYCHOLOGIE

Wir haben bei der Entwicklung des Gehirns gesehen, wie wichtig Umweltreize für die Ausbildung funktionsfähiger neuronaler Netzwerke sind. Diese Reize müssen irgendwie in das Gehirn des Hundes hineingelangen und dort so verarbeitet werden, dass Verhalten entsteht, welches wir von außen beobachten können. Die Funktion der Sinnesorgane und die weitere Verarbeitung von Sinnesreizen zu verstehen, ist der Schlüssel zu einem Grundverständnis der Funktion des Gehirns. Das Gehirn verarbeitet keine physikalischen Umweltreize, sondern die elektrischen und chemischen Signale, die die Sinnesorgane beim Kontakt mit Umweltreizen hervorbringen. Es konstruiert aus dieser Information das innere Erleben, das sich in Bewusstsein (s. Kapitel 9) und Verhalten (s. Kapitel 6) manifestiert. Wenn wir also wirklich verstehen wollen, was Hunde fühlen und denken und weshalb sie tun, was sie tun, dann hilft uns die Wahrnehmungspsychologie zu verstehen, wie das Gehirn arbeitet und wo dabei Fehler entstehen können, die typische Verhaltensweisen und -probleme erzeugen.

Da wir lediglich ein Grundverständnis der Funktion des Gehirns anstreben, widmen wir uns in diesem Kapitel nur den drei wichtigsten Sinnen des Hundes für Hundehalter: Hören, Sehen und Riechen. Das soll genügen, um zu verstehen, wie das Abbild der Welt in den Hund hineingelangt.

## JEDE TIERART LEBT IN IHRER EIGENEN WELT

Keine Tierart nimmt die Welt so wahr, wie sie ist. Vielmehr sind die Sinnessysteme bei verschiedenen Spezies unterschiedlich entwickelt. Hunde nehmen elektromagnetische Wellen in einem relativ kleinen Farbspektrum wahr. Menschen sehen dagegen ein größeres Farbspektrum, und Schlangen können elektromagnetische Wellen aus dem Infrarotbereich sehen, die für Hunde und Menschen unsichtbar sind. Dasselbe gilt für das Gehör. Die wahrgenommenen Frequenzbereiche unterscheiden sich erheblich zwischen Hund und Mensch, und Fledermäuse hören so differenziert im Ultraschallbereich, dass sie selbst in völliger Dunkelheit sicher navigieren können. Die Umweltreize, auf welche die Sinnesorgane einer Spezies reagieren, stellen jedoch nur einen sehr kleinen Ausschnitt der Welt um sie herum dar. Sie werden Sinnesreize genannt. Wenn das Gehirn einer Tierart von einem evolutionsbiologischen Standpunkt aus hoch genug entwickelt ist, wie bei allen Säugetierarten, werden diese Reize im Bewusstsein des Tieres abgebildet. Das Gehirn erschafft im Bewusstsein eine Welt, die nur aus den wahrgenommenen Sinnesreizen besteht. Die restliche Welt außerhalb seines Sinnesspektrums bleibt ihm unzugänglich und unbekannt. Es kann nicht darauf reagieren.

In der Wahrnehmungspsychologie unterscheiden wir den Begriff der Wahrnehmung von dem der Empfindung. Unter Empfindungen werden grundlegende Bewusstseinsprozesse verstanden. Diese entstehen, wenn eine Reizinformation in diejenigen höheren Hirnregionen gelangt, die bewusstes Erleben überhaupt erlauben. Empfindungen gelten somit als Elementarprozesse des sinnlichen Erlebens.

Wahrnehmungen beinhalten dagegen die Verknüpfung einer Sinnesempfindung (z. B. ein Geräusch wie das, welches beim Öffnen einer Nassfutterdose entsteht) mit Inhalten der Erfahrung und ggf. mit Informationen aus anderen Sinnesmodalitäten (z. B. einem Geruch). Erfahrung besteht aus vorangegangenen Lernprozessen und wird konserviert als Gedächtnisinhalt. Der Vorgang der Wahrnehmung läuft oft ohne bewusste Steuerung ab und kann vollkommen unbewusst bleiben und dennoch Reaktionen (Emotionen, Verhalten) auslösen.

Sinnesmodalitäten sind die Grundqualitäten der Empfindung: Sehen, Hören, Riechen, Schmecken, Tasten, Temperatursinn, Gleichgewichts- und Bewegungssinn, Schmerzsinn, usw. Sie bestehen auf biologischer Ebene aus unterschiedlichen neurologischen Funktionskreisen. Für die meisten Modalitäten lassen sich Submodalitäten unterscheiden, beim Sehen etwa Farbe, Form und Helligkeit, beim Hören Lautstärke, Frequenz, Klangfarbe und Richtung. Diese nennt man Sinnesqualitäten. Sie werden von eigenen Subsystemen parallel verarbeitet. Erst wenn alle Sinnesqualitäten zu einer Repräsentation der gesamten Reizsituation integriert sind (Klangfarbe einer Trillerpfeife, die mit einer Lautstärke von 100 dB geblasen wird und aus der Richtung direkt hinter mir kommt) und mit gespeicherter Information abgeglichen wurde (Rückruftraining), liegt eine Wahrnehmung vor.

Die Sinneszellen in den Sinnesorganen reagieren auf adäquate Reize. Das sind Reize, die mit geringer Energie maximale Reaktionen der Sinneszellen auslösen. Das menschliche Auge etwa reagiert auf elektromagnetische Wellen mit Wellenlängen von 400-750 nm (sichtbares Licht). Auch mechanischer Druck auf das Auge löst visuelle Empfindungen aus, dafür ist jedoch ein höherer Energieaufwand nötig. Es handelt sich bei Druck daher um einen inadäquaten Reiz für das Sehsystem.

Sinneszellen wandeln die Energie adäquater Reize in elektrische Potenziale um. Dafür genügen teilweise winzigste Energiemengen. Nur 5 Photonen (Lichtquanten) genügen, um einen Lichteindruck zu erzeugen, und schon ein einziges Photon genügt, um an nachgeschalteten Neuronen elektrophysiologisch messbare Veränderungen hervorzurufen, die jedoch zu schwach sind, um zu einer Lichtempfindung zu führen. Im Innenohr genügt die mechanische Bewegung der Haarzellen um eine Strecke, die dem Durchmesser eines Wasserstoffatoms entspricht ($10^{-10}$ m), um diese Sinneszellen zu erregen. Damit arbeiten beide Sinnesorgane an der Grenze des physikalisch Machbaren.

Nicht immer ruft Energieeinwirkung durch adäquate Reize auf die Sinneszelle eine Empfindung hervor, selbst wenn die Information vom Gehirn vollständig verarbeitet wird. Dies gilt insbesondere für Reize, die aus dem Inneren des Organismus kommen: von den Entero- und Viszerozeptoren, die den Zustand der inneren Organe abbilden, und von den Propriozeptoren, die den Zustand von Muskeln, Gelenken und Sehnen signalisieren. Diese Informationen bleiben in der Regel unbewusst. Aber auch externe Reize können unterschwellig wahrgenommen werden. Insbesondere wenn sie sehr schwach sind oder nur sehr kurz dargeboten werden, kann eine bewusste Wahrnehmung dieser Reize zwar ausbleiben, sie können aber dennoch mentale Prozesse und die Entscheidung zwischen Handlungsalternativen beeinflussen und Verhalten auslösen.

## HÖREN

Hören und Sehen sind „Fernsinne“, sie informieren uns über Geschehnisse, die weit entfernt von uns stattfinden – im Falle des Sehens über Millionen von Lichtjahren bis an den Rand des sichtbaren Universums, wenn wir mit unseren Hunden einen Blick in den sternenübersäten Nachthimmel werfen.

### Wie gelangt ein Geräusch ins Gehirn?

Der Schall trägt nicht ganz so weit. Er ist an ein Medium wie Gas (Luft), Flüssigkeit (Wasser) oder Feststoffe (Metall, Holz, Knochen) gebunden. Schall entsteht, wenn das Medium zu schwingen beginnt. Es entstehen Zonen von hohem und niedrigem Druck. Man kann sich das vorstellen, indem man an einen Stein denkt, der in einen stillen Teich geworfen wird. Es entstehen Wellenberge und Wellentäler, die sich von der Schallquelle ausbreiten. Die zeitlichen Abstände, mit denen zwei Wellenberge aufeinanderfolgen, nennt man Frequenz. Sie wird in Schwingungen pro Sekunde (Hertz) gemessen und im Gehirn als Tonhöhe erlebt. Die Höhe der Wellenberge heißt Amplitude. Von ihr hängt die Lautstärke ab.

Wie gelangen diese Schwingungen nun als Töne und Geräusche ins Gehirn des Hundes, wo sie z. B. die von Colliehaltern gefürchtete Schussangst auslösen können?

Treffen Schallwellen auf ein Hindernis, regen sie dieses ebenfalls zum Schwingen an. Treffen Schallwellen den Kopf eines Hundes, versetzen sie zum einen den Schädelknochen in Schwingungen, zum anderen gelangt ein Teil der Schallwellen in den äußeren Gehörgang. Dieser ist mit Luft gefüllt. Die Luftsäule im Gehörgang beginnt, zu schwingen, und versetzt ihrerseits einen Feststoff, das Trommelfell, in Schwingungen. Hinter dem Trommelfell liegen Hammer, Amboss und Steigbügel, die Kette der Gehörknöchelchen. Das Trommelfell leitet seine Schwingungen über direkten Kontakt mit dem Amboss an sie weiter. Die Kette der Gehörknöchelchen wird durch Muskeln gehalten. Indem diese kontrahieren, schränken sie die Beweglichkeit der Gehörknöchelchen ein. Dadurch geht der Schwingung Energie verloren, d. h. ihre Amplitude wird kleiner und wir erleben das als geringere Lautstärke. Dies geschieht bei sehr lauten Geräuschen reflexhaft. Es dauert allerdings ca. 50–100 ms, bis nach Eintreffen des Schalls der Reflex einsetzt, sodass er bei plötzlichen, lauten Geräuschen wie Schüssen zunächst keinen Schutz vor Hörschäden bietet. Tiefe Töne werden durch den Reflex stärker gedämpft als hohe Töne. Dadurch lässt sich auch in einer lauten Umgebung gesprochene Sprache noch verstehen, was jedoch als anstrengend empfunden wird. Auch wenn man selbst Lautäußerungen von sich gibt, sorgt der Reflex dafür, dass man sich selbst nicht so laut hört, wie zu erwarten wäre. Neben Muskelkontraktionen können auch Mittelohrentzündungen die Beweglichkeit der Kette einschränken, wodurch Schwerhörigkeit als vorübergehendes Symptom entsteht.

Hinter dem Steigbügel, dem letzten Gehörknöchelchen der Kette, schließt sich die Hörschnecke an (Cochlea). Sie ist mit einer Flüssigkeit gefüllt. Hier liegt der Grund für den komplizierten Aufbau des Mittelohrs. Wenn Schallwellen von einem Medium (Luft) in ein anderes Medium (Flüssigkeit in der Cochlea) übergehen, gehen 99 % der Energie verloren. Die Wellenberge (Amplitude) werden kleiner. Wer es erleben möchte, taucht in der Badewanne unter, während er Radio hört. Die Geräusche aus dem Radio werden leiser (und dumpfer). Um die Verluste beim Übergang der Schallwellen von dem mit Luft gefüllten Außenohr in das mit Flüssigkeit gefüllte Innenohr zu begrenzen, brauchen wir einen Verstärker. Zu diesem Zweck hat sich in der Evolution die Kette der Gehörknöchelchen im Mittelohr entwickelt. Sie erhöht den Schalldruck um das ca. 20-Fache. Am besten werden Frequenzen zwischen 300–3 000 Hz verstärkt, dem Frequenzbereich gesprochener Sprache.

Jetzt kommt der spannendste Teil. Wie wird aus einem mechanischen Ereignis (Schwingungen einer Flüssigkeit) ein elektrisches Ereignis (Spannungsunterschiede), welches vom Gehirn sinnvoll weiterverarbeitet werden kann?

Dazu entrollen wir die Hörschnecke vor unserem geistigen Auge. Sie wird zu einer langgezogenen, kegelförmigen Röhre mit drei flüssigkeitsgefüllten Kammern. In der mittleren Kammer liegen die Hörzellen im sogenannten Corti-Organ. Die Sinneszellen haben ca. 100 winzige Haare (Stereozilien) an ihrer Spitze und heißen daher Haarzellen. Menschen haben ca. 18 000–23 000 Haarzellen im Innenohr. Läuft eine Schalldruckwelle über diese Haare, werden sie mechanisch ausgelenkt. Wir können uns das vorstellen wie Seegras, das von Wellen in wogende Schwingungen versetzt wird. Die Haarzellen sind äußerst empfindlich: Die Auslenkung um einen $10^{-10}$tel Meter genügt, um die Sinneszelle zu erregen. Das entspricht dem Durchmesser eines Wasserstoffatoms. Mit zunehmendem Alter werden die Härchen spröde und brechen leichter. So kommt es zunehmend zur altersbedingten Schwerhörigkeit. Auch starke Schallwellen, die die Härchen massiv auslenken, können diese abbrechen und so Schwerhörigkeit und Taubheit verursachen.

Die mechanische Auslenkung der Härchen bewirkt die Öffnung von Kaliumkanälen in der Spitze der Haarzellen. Positiv geladene Kaliumionen strömen ins negativ geladene Innere der Haarzelle und depolarisieren sie. Auf diese Weise entsteht ein elektrisches Signal (Sensorpotential) im Inneren der Haarzelle. Dieses wird über einen

Neurotransmitter (wahrscheinlich Glutamat) an die Dendriten von nachgeschalteten sensorischen Neuronen weitergegeben (Spinalganglienneurone). Diese erzeugen Aktionspotentiale, die sie über ihre Axone weiterleiten. Die Axone bündeln sich zum Hörnerv (N. cochlearis), der zusammen mit dem aus dem Gleichgewichtsorgan kommenden Nerv (N. vestibularis) als VIII. Hirnnerv über das verlängerte Rückenmark ins Gehirn eintritt (s. Abb. 15). Die Axone der Spinalganglien bilden Synapsen mit Nervenzellen, die im verlängerten Rückenmark liegen. Diese bilden auf der rechten und linken Seite die Cochleariskerne (Ncl. cochlearis). Dabei bleiben die Axone, die aus dem rechten Ohr kommen, auf der rechten Seite und die aus dem linken Ohr auf der linken Seite (ipsilateral). Ab jetzt wird es komplexer und nicht alle Teile der Hörbahn sind vollständig erforscht. Für unsere Zwecke reicht es, zu wissen, dass ab jetzt der überwiegende Teil der aufsteigenden Axone die Mittellinie kreuzt (kontralateral) und in die gegenüberliegende Hirnhälfte zieht, während nur ein kleiner Teil in derselben Hirnhälfte verbleibt (ipsilateral), sodass ab jetzt jede nachfolgende Schaltstelle Informationen aus beiden Ohren bekommt. Die Axone aus den Cochleariskernen steigen weiter auf zu Neuronen in den sogenannten Olivenkernen auf beiden Seiten des Hirnstamms. Von dort aus ziehen Axone zu den Colliculi caudales (beim Menschen: Colliculi inferior), den unteren beiden Hügeln der „Vierhügelplatte". Deren Neurone senden Axone zum Thalamus in dessen mittleren Kniehöcker (Corpus geniculatum mediale, CGM), der seinerseits Axone in den auditorischen Cortex im Großhirn sendet.

Andere Axone der Colliculi caudales stehen mit dem Kleinhirn in Verbindung (motorische Koordination und Motorprogramme) und daneben gibt es Verbindungen in die darüberliegenden Colliculi rostrales, die ihre Signale vor allem aus der Sehbahn erhalten. Dies ermöglicht eine frühe Integration von visueller und akustischer Information, um z. B. Schutzreflexe zu koordinieren und auf die Reizquelle auszurichten. Über Verbindungen zu motorischen Kernen im Hirnstamm wird so Einfluss auf die Bewegung der Ohrmuscheln und die Auslösung akustischer Reflexe genommen. Auch die reflektorische Steuerung der Muskeln des Mittelohrs erfolgt von hier aus, um sich vor lauten Geräuschen zu schützen. Weitere Axone projizieren in die Formatio reticularis. So können laute bzw. alarmierende Töne das aufsteigende retikuläre aktivierende System (ARAS) aktivieren. Das ARAS versetzt daraufhin aufsteigend das gesamte Gehirn in erhöhte Erregung. Dies kann bei schlafenden Hunden Weckreaktionen auslösen, erzeugt innere Erregungszustände und bereitet absteigend über das vegetative Nervensystem den Körper auf Flucht- und Kampfreaktionen vor (Stressreaktion, s. Kapitel 7 und 8). Über Verbindungen zu Motorneuronen im Rückenmark wird die Bewegung von Hals und Kopf sowie des gesamten Körpers gesteuert, um starke akustische Reize reflektorisch zu beantworten.

Die Verarbeitung der Information ist auf dieser Stufe bereits relativ differenziert, vor allem hinsichtlich Tonhöhe, Lautstärke und Position der Schallquelle. Komplexere Verarbeitung und bewusste akustische Wahrnehmung, z. B. die Analyse gesprochener Sprache, erfolgt jedoch erst im Großhirn.

## Woher weiß das Gehirn, was es hört?

Ab der Umwandlung der Schallwelle in ein elektrisch-chemisches Signal durch die Hörzellen gibt es keine Schallwellen mehr. Das Gehirn hat keine Möglichkeit, eine Schallwelle direkt zu erleben. Starke Schwingungen oder Erschütterungen (z. B. durch einen Schlag auf den Kopf) beeinträchtigen lediglich seine Funktion. Das physikalische Ereignis „Schallwelle“ wurde von den Hörzellen in ein elektrisches Signal verwandelt. Aber woher weiß das Gehirn, was dieses elektrische

Signal bedeutet? Welchen Zustand es in der Welt abbildet, der in dem Moment, in dem das Gehirn sich seiner bewusst wird, schon mehr als 100 ms in der Vergangenheit liegt?

### Codierung von Lautstärke, Frequenz und Richtung

Wir erinnern uns an unseren Teich mit den Wellen. Zunächst muss das Gehirn irgendwie herausfinden, wie groß die Welle war, d. h. welche Amplitude und damit welche Lautstärke sie besaß. Da jedes Neuron nach dem Alles-oder-Nichts-Prinzip feuert und das Aktionspotential immer gleich groß ist, kann die Reizintensität (Lautstärke) nicht über die Größe des elektrischen Signals codiert werden. Stattdessen feuert ein Neuron häufiger, je größer die Reizintensität war. Ein Reiz mit niedrigerer Schallintensität löst beispielsweise Feuerraten von ca. 120 Impulsen pro Sekunde aus, während eine hohe Schallintensität ca. 150 Impulse pro Sekunde auslöst. Darüber hinaus wird durch hohen Schalldruck die Membran, auf welcher die Haarzellen sitzen, stärker ausgelenkt. Dadurch werden mehr Haarzellen aktiviert und auch mehr nachgeschaltete Spinalganglienneurone erregt. Die Lautstärke wird also durch eine Kombination aus der Anzahl der aktivierten Neurone und ihrer Feuerrate codiert.

Wie wir gesehen haben, codiert die Anzahl der Aktionspotentiale die Lautstärke. Wie findet das Gehirn dann jedoch heraus, in welchem zeitlichen Abstand die Schallwellen aufeinanderfolgen, welche Frequenz sie haben? Die Erklärung dafür ist ein weiteres Beispiel, wie präzise die Evolution die Werkzeuge konstruiert hat, die unsere Sinnesorgane bilden. Erinnern wir uns an die Hörschnecke, die wir zu einem langen Kegel entrollen. Die Membran in ihrem Inneren, auf der die Hörzellen sitzen, ist nicht gleichmäßig konstruiert. Am Eingang der Hörschnecke, dort wo der Steigbügel andockt, ist sie steifer und schmaler, zum Ende hin dagegen flexibler und breiter. Wenn eine

Schallwelle die Membran in Schwingung versetzt, entsteht eine Wanderwelle, die sich über die Membran fortpflanzt, ähnlich wie ein Seil, das man an einem Ende in der Hand hält und ruckartig auf und ab bewegt. Ist die Frequenz hoch (hohe Töne), wird vor allem das steife, schmale Anfangsstück der Membran in Schwingung versetzt und schluckt den größten Teil der Energie, sodass die Welle kurz nach dem Eintreten in die Hörschnecke verebbt. Ist die Frequenz niedrig, wandert die Welle relativ flach bis zum Ende der Membran, schaukelt sich dort auf und versetzt erst die dortigen Haarzellen in stärkere Schwingungen. Auf diese Weise bestimmt die Frequenz eines Schallereignisses, wo auf der Membran die Sinneszellen besonders stark aktiviert werden. Vom Eingang bis zum Ende nimmt die Frequenz, die zu einer maximalen Auslenkung der Membran führt, immer weiter ab. Weiter hinten in der Hörschnecke hört der Hund also die tiefen Töne, vorne am Eingang die hohen.

Die sensorischen Neurone in den Spinalganglien bilden ihre Synapsen mit den Neuronen in den nachgeschalteten Cochleariskernen so, dass die Frequenzkarte auf der Membran der Hörschnecke erhalten bleibt. Nebeneinanderliegende Nervenzellen reagieren daher auf nahe beieinanderliegende Frequenzen besonders stark. Das Gehirn bildet auf diese Weise eine systematische Beziehung zwischen der Lage eines Neurons im Cochleariskern und der Frequenz, auf welche es bevorzugt reagiert. Dieses Prinzip wird für die gesamte auditorische Weiterverarbeitung beibehalten. Es wird als tonotope Karte bezeichnet. Tonotope Karten existieren in allen folgenden auditorischen Kernen des Hirnstamms, im CGM des Thalamus und im auditorischen Cortex des Großhirns.

Jetzt, wo es Lautstärke und Frequenzen eines Geräusches kennt, muss das Gehirn noch herausfinden, aus welcher Richtung das Geräusch gekommen ist. Die Lokalisation von Schallquellen kann überlebenswichtig sein. Wenn rechts hinter dem Hund plötzlich ein lautes Geräusch ertönt, ist es viel wichtiger zu wissen, woher es kommt und in die entgegengesetzte Richtung zu fliehen, als zu analysieren, worum es sich handelt. Anders als Wellen in einem Teich können sich Schallwellen im dreidimensionalen Raum horizontal und vertikal ausbreiten. Daher gibt es auch zwei Systeme zur vertikalen und zur horizontalen Lokalisation. Horizontale Schalllokalisation basiert darauf, dass eine Schallwelle, die nicht direkt von vorne oder hinten kommt, zunächst auf das eine Ohr trifft und erst den Bruchteil einer Millisekunde später auf das andere Ohr. Aus dieser Differenz berechnet das Gehirn die Richtung. Wir haben oben gesehen, dass die Olivenkerne als 2. Schaltstation der Hörbahn bereits Informationen aus beiden Ohren bekommen. Sie integrieren diese Information und tragen damit schon zum beidseitigen (binauralen) Hören und damit zur Lokalisation von Geräuschquellen bei. Darüber hinaus liegt ein Ohr je nach Anatomie und Ausrichtung der Ohrmuscheln im „Hörschatten" des Schädels oder des anderen Ohres. Dadurch sind Geräusche im von der Schallquelle abgewandten Ohr minimal leiser. Auch diese Differenz wird von spezialisierten Neuronen berechnet und zur Lokalisation verwendet. Für die vertikale Lokalisation spielt die Form der Ohrmuschel eine entscheidende Rolle. Je nach individueller Form reflektiert und verzerrt sie von oben bzw. unten eintreffende Schallwellen unterschiedlich. Spezialisierte Neurone in der Hörbahn werten diese Verzerrungen aus und setzen sie in Relation zur Richtung der Schallquelle. Da jeder Hund individuelle Ohrmuschelformen hat und beim Hund überdies Steh-, Kipp-, Schlapp- und kupierte Ohren vorkommen, die auch noch durch Muskelbewegungen ihre Form ändern können (z. B. Aufrichten von Kippohren bei Erregung), muss jedes Gehirn lernen, diese Berechnungen für seine individuellen Ohrmuscheln korrekt vorzunehmen. Dazu gleicht es Informationen aus anderen

Sinneskanälen, z. B. visuelle Informationen, mit den akustischen Informationen ab und lernt daraus, die Richtung eines Geräusches mit höchster Präzision zu bestimmen. Während das Ohr wächst und sich verändert, muss auch das Gehirn weiter mitlernen, um die korrekte Richtungsbestimmung beizubehalten – ein schönes Beispiel für die unglaubliche Anpassungsfähigkeit des Gehirns.

## Was hört das Gehirn?

Die Information über das Schallereignis ist in weniger als 100 ms im Gehirn eingetroffen und hat vielleicht über Bahnen aus dem Stammhirn schon eine gesteigerte innere Erregung, eine Alarmreaktion, Stress oder sogar ein Verhalten wie Flucht ausgelöst. Dennoch weiß das Großhirn des Hundes – und damit auch das Bewusstsein des Hundes – noch nicht, was er eigentlich gehört hat. Bis jetzt reagiert er lediglich unbewusst auf „ein lautes Geräusch mittlerer Frequenz hinter sich“. Für die weitere Analyse und eine differenzierte Reaktion auf das Geräusch benötigt das Gehirn den auditorischen Cortex und weitere Großhirnareale. Davor steht der Thalamus als Wächter. Wir erinnern uns: Der Thalamus heißt Thalamus, weil alles durch den Thalamus muss. Er ist das „Tor zum Bewusstsein“. Der Thalamus lässt vor allem Sinnesreize zum Großhirn durch, die neu sind oder besonderen Informationscharakter haben, der in der gegenwärtigen Situation des Individuums von Bedeutung ist. Wenn der Hund Hunger hat, wird er – bei entsprechender Vorerfahrung – besonders sensibel auf Signale reagieren, die dem Klappern von Futterschüsseln und dem Rascheln von Tüten ähneln. Liegt er allein zu Hause und wartet auf die Rückkehr seines Menschen, wird der Thalamus Signalmuster ähnlich denen sich nähernder Autos oder Schritten zur weiteren Analyse durchlassen. Nur was den Thalamus passiert und ins Großhirn gelangt, ist bewusstseinsfähig. Alle anderen Geräusche bleiben unbewusst, obwohl sie durchaus Reaktionen beeinflussen und auslösen können. Im Thalamus werden die Synapsen, die von den Colliculi caudales aus dem Hirnstamm aufsteigen, mit Nervenzellen im mittleren Kniehöcker (Corpus geniculatum mediale, CGM) verschaltet. Gelingt es den aufsteigenden Fasern, in den Nervenzellen im CGM Aktionspotentiale anzuregen, werden diese in den primären auditorischen Cortex weitergeleitet. Dieser liegt im Temporallappen des Großhirns. Auch hier finden wir noch die tonotopen Karten, die sich im gesamten aufsteigenden auditorischen System nachweisen lassen, d. h. ähnliche Frequenzen werden von benachbarten Zellgruppen verarbeitet. Einzelne Nervenzellen sind dabei exakt auf eine Schallfrequenz abgestimmt. Zusammengenommen decken sie das gesamte hörbare Frequenzspektrum der Tierart ab. Andere Neuronengruppen in der primären Hörrinde reagieren sensibel auf die Schallintensität und codieren so die Lautstärke. Viele Zellen reagieren nur, wenn Signale aus beiden Ohren eintreffen, und kodieren so die Richtung. Daneben gibt es Nervenzellen, die auf Klicks, Geräuschsalven, tierische Laute und Geräusche, die ihre Frequenz ändern (frequenzmodulierte Schallreize), reagieren. Hier und im sekundären auditorischen Cortex beginnt also die eigentliche inhaltliche Verarbeitung der Signale. Vom sekundären auditorischen Cortex ziehen Verbindungen in weitere Areale des Schläfenlappens, die auf auditorische Reize reagieren, sowie in die sogenannten Assoziationszentren, in denen die Integration mit visuellen, taktilen (Berührung), olfaktorischen (Geruch) und anderen Reizen zu einem einheitlichen Gesamtbild der Reizlage erfolgt. Daneben gibt es Verbindungen zum auditorischen Gedächtnis, in dem die Erfahrungen des Hundes mit diesem Geräusch abgespeichert sind, z. B. der spezifische Rhythmus der Schritte seines Menschen oder ein Pfeifmuster mit einer bestimmten Bedeutung bei an Schafherden arbeitenden Border Collies. Es wird abgeglichen, ob ein ähnliches Muster neuronaler Aktivierung in der Vergangenheit schon einmal erlebt wurde, und Erinnerungen, begleitende Emotionen und Erregungszustände werden abgerufen. Am Ende dieses Prozesses kann der Hund dann einen Schuss von einem Türenknallen unterscheiden und mit der passenden Emotion und Erregung reagieren. Erst hier gelangen das Geräusch und die emotionalen und körperlichen Reaktionen darauf ins Bewusstsein des Hundes. Dieser Vorgang dauert mindestens ca. 150 ms, abhängig u. a. vom Alter des Hundes. Möglicherweise ist es dann jedoch bereits zu spät für eine gelassene Reaktion. Die frühen Abzweige aus den Colliculi caudales haben das Alarmsystem vielleicht bereits aktiviert und der Hund flüchtet schon einige Schritte, ehe ihm bewusst wird, dass es sich um einen Fehlalarm handelt. Manchmal kommt es daraufhin zur Generalisierung von Ängsten, manchmal zur Erleichterung und dem Abbruch der Flucht. Wir werden in späteren Kapiteln sehen, mit welchen Mechanismen diese Entscheidung gesteuert wird.

## SEHEN

Bei Wirbeltieren hat sich im Laufe der Evolution der Sehsinn so weit entwickelt, dass mit einer gesteigerten Präzision der Umweltwahrnehmung auch neue Kommunikationswege zwischen den Angehörigen einer Spezies entstanden. Mimik und Körpersprache wurden bedeutsamer und auf dieser Basis entstanden neue Formen der sozialen Organisation und des Zusammenlebens. Ein Großteil der Kommunikation und Kooperation zwischen Hunden untereinander und mit dem Menschen setzt das Sehen von Mimik und Körpersprache voraus. Gerade die Evolution des Sehens führte zur Entstehung von Hirnmechanismen, die komplexe Vorhersagen über Veränderungen in der Umwelt ermöglichen, die geistiges Vorstellungsvermögen hervorbrachten und die Fähigkeit zur Manipulation dieser Vorstellungen (wie beim geistigen Drehen eines Würfels oder der Vorstellung, man würde aus der Perspektive eines anderen auf eine Szene blicken). Der Sehsinn ermöglicht es Hunden, Informationen über Objekte zu gewinnen, die buchstäblich auf seiner Nase liegen, bis hin zu Objekten wie dem Mond oder der Sonne, die astronomisch weit entfernt sind. Damit ist es der Sinn, der Informationen aus größter Distanz empfängt und die Eroberung auch weit entfernter Lebensräume statt nur der unmittelbaren Umwelt ermöglicht. Ungefähr die Hälfte der menschlichen Großhirnrinde ist mit der Analyse visueller Information beschäftigt, bei Affen, Hunden und Ratten ist es nicht wesentlich weniger.

## Wie gelangt ein Bild ins Gehirn?

Wenn wir unseren Hunden tief in die Augen schauen – allerdings mithilfe eines Ophthalmoskops –, sehen wir einen Teil ihres Gehirns: die Netzhaut. Um diese Sinneszellen herum ist das Auge gebaut, das im Wesentlichen wie eine Kamera funktioniert. Diese Kamera ist wesentlich leistungsfähiger als alles, was wir technisch derzeit realisieren können. Die Linse selbst kann mithilfe des ringförmigen Ciliarmuskels ihre Form verändern, um die Lichtbrechung zu beeinflussen und bestimmte Teile des Bildes abhängig von der Entfernung zum Auge scharf zu stellen. Der Lichteinfall wird reguliert durch die Pupillenöffnung. Die Augenmuskeln können das Auge so fein bewegen, dass ein sich bewegendes Objekt mit den Augen verfolgt und so präzise im Bereich des schärfsten Sehens gehalten werden kann. Gereinigt wird die transparente Hornhaut in kurzen Intervallen durch Tränenflüssigkeit und die Augenlider, die beim Blinzeln wie Scheibenwischer wirken. Das Sehsystem von Hunden hat sich in einer ökologischen Nische entwickelt, in der es gute visuelle Leistungen sowohl in der Dämmerung mit wenig Lichteinfall als auch im hellen Tageslicht erbringen muss. Wie Katzen haben Hunde daher hinter der Retina eine reflektierende Schicht (Tapetum lucidum), die das

Restlicht verstärkt, aber auch streut. Wie beim Menschen kann auch bei Hunden Kurz- oder Weitsichtigkeit auftreten, wenn der Augapfel zu lang oder zu kurz ist. Das Bild erscheint dann – je nach Entfernung des Objektes – unscharf. Es gibt Rassedispositionen für Fehlsichtigkeit, so sind z. B. Deutsche Schäferhunde und Rottweiler häufiger von Kurzsichtigkeit betroffen. Mit zunehmendem Alter verschlechtert sich die Sehkraft ebenfalls, ähnlich wie bei Menschen. Auch Astigmatismus (Hornhautverkrümmung) kommt bei Hunden vor, ist jedoch insgesamt selten.

Das Licht, das auf das Auge trifft, ist eine elektromagnetische Welle. Wie bei Schallwellen ist das elektromagnetische Spektrum, das Hunde oder Menschen wahrnehmen können, nur ein kleiner Ausschnitt des gesamten Lichtspektrums. Hunde und Menschen sehen also nicht die Welt in ihrer Gesamtheit, sondern nur den kleinen Teil „sichtbaren" Lichts, den ihr Sehsinn verarbeiten kann. Auch die elektromagnetischen Wellen des Lichts haben wie Schallwellen eine Frequenz (Anzahl der Wellen pro Zeiteinheit) und eine Amplitude (Höhe des Wellenbergs). Um Licht zu beschreiben, verwendet man jedoch vor allem die Wellenlänge, also die räumliche Distanz zwischen zwei Wellenbergen. Je kürzer die Wellenlänge, desto höher die Frequenz und desto mehr Energie transportiert die Welle, wie z. B. bei radioaktiven Gammastrahlen und Röntgenstrahlen, deren Wellenlänge kürzer als 1 nm (Nanometer) ist. Je länger die Wellenlänge und je niedriger die Frequenz, desto weniger Energie trägt die Welle, wie bei Radiowellen mit einer Länge von mehr als 1 mm (Millimeter). Die Wellenlängen des sichtbaren Lichts machen nur einen winzigen Bruchteil dieses Spektrums aus. Wäre unser Sehsinn empfindlich für das gesamte elektromagnetische Spektrum, könnten wir auch Radiowellen und radioaktive Strahlung direkt sehen, statt sie mithilfe von technischen Messinstrumenten hörbar oder sichtbar machen zu müssen. Rotes Licht hat eine Wellenlänge im Bereich von 700 nm und vergleichsweise wenig Energie, ist also „kälter“, obwohl wir subjektiv rotes Licht als warm empfinden. Blaues Licht hat dagegen eine Wellenlänge von ca. 400 nm und mehr Energie, ist also „wärmer“.

Wie registriert das Auge Licht? Dazu müssen wir die Sinneszellen im Auge finden. Nachdem das Licht von Hornhaut und Linse gebrochen wurde, fällt es auf die Netzhaut, durchdringt diese, wird vom Tapetum lucidum reflektiert und trifft so gestreut nochmals auf die Netzhaut. Die Netzhaut besteht aus mehreren Schichten verschiedener Zelltypen, von denen jedoch nur die Photorezeptoren lichtempfindlich sind. In die Photorezeptoren sind sogenannte Photopigmente eingelagert. Dabei handelt es sich um Proteine (Opsine). Am äußersten Ende dieser Proteine hängt ein Anhängsel (Retinal), das aus Vitamin A hergestellt wird. Elektromagnetische Strahlung einer bestimmten Wellenlänge – und daher auch einer bestimmten Energiemenge – bewirkt, dass sich die Form des Proteinanhängsels im Raum verändert, wodurch eine chemische Kettenreaktion im Photorezeptor in Gang gesetzt (Second-Messenger-Kaskade) und ein elektrisches Signal erzeugt wird. Die Photorezeptorzelle schüttet daraufhin keine Neurotransmitter (Glutamat) mehr aus und verstummt. Lichteinfall bringt die in Dunkelheit dauerhaft elektrisch aktiven Photorezeptoren also zum Verstummen. Entgegen unserer Intuition ist also Dunkelheit der von den Photorezeptoren beantwortete Reiz, nicht Licht. Alle anderen Zelltypen in der Netzhaut bekommen ihre Information indirekt über Synapsen untereinander oder direkt von Synapsen der Photorezeptoren, reagieren selbst jedoch nicht auf elektromagnetische Strahlung.

Es gibt zwei Arten von Photorezeptoren: Stäbchen und Zapfen. Sie unterscheiden sich in der Form ihrer Außensegmente. Zapfen laufen an ihrem Ende spitz zu, sind kürzer und enthalten weniger Photopigmente. Stäbchen sind länger und enthalten deutlich mehr Photopigmente, daher sind sie über 1000-mal lichtempfindlicher als Zapfen. In der Dämmerung unter schlechten Lichtbedingungen tragen nur die Stäbchen zum Sehen bei. Umgekehrt sind die Zapfen bei Tageslicht aktiver als die Stäbchen. Alle Stäbchen enthalten dasselbe Photopigment (Rhodopsin). Es reagiert besonders empfindlich auf Licht einer Wellenlänge im Bereich von ca. 500 nm (blaugrün). In den Zapfen gibt es beim Menschen dagegen drei verschiedene Arten von Photopigmenten, die besonders empfindlich auf blaues (ca. 430 nm Wellenlänge), grünes (ca. 530 nm) und rotes (ca. 560 nm) Licht reagieren.

Hunde sehen nicht dasselbe Farbspektrum wie Menschen. Statt drei verschiedener Farbrezeptoren haben sie lediglich zwei. Ihre Photopigmente unterscheiden sich leicht von denen des Menschen. Die Photopigmente in den zwei Zapfentypen des Hundes reagieren maximal empfindlich auf Wellenlängen um 430 nm (Farbeindruck eines Menschen: violett-blau) bzw. um 555 nm (Farbeindruck eines Menschen: gelb-grün). Hunde können daher rot, orange, gelb und grün nicht unterscheiden. Das von ihnen wahrgenommene Farbspektrum beschränkt sich auf den blauen und den gelben Bereich, wobei es unmöglich ist, sich als Mensch vorzustellen, welche Farbeindrücke ein Hund subjektiv erlebt (s. Kapitel 9 über Bewusstsein). Vermutlich ist jedoch die Farbwahrnehmung eines Hundes grob vergleichbar mit jener von Menschen mit Rot-Grün-Blindheit. Einige Farben, die gesunde Menschen sehen können, erscheinen Hunden daher grau bzw. weiß. Als Experten für Dämmerungssehen erkennen sie jedoch noch Unterschiede in Graustufen, die für den Menschen bereits nicht mehr unterscheidbar sind.

Die Verteilung von Stäbchen und Zapfen auf der Netzhaut unterscheidet sich zwischen Menschen und Hunden, innerhalb verschiedener

Hunderassen und selbst innerhalb verschiedener Linien derselben Hunderasse. Die Anzahl der Stäbchen ist dabei im Verhältnis zu den Zapfen immer deutlich größer (beim Menschen um den Faktor 20). Dort, wo sich die Zapfen sammeln (beim Menschen in der Fovea, dem Punkt des schärfsten Sehens, beim Schäferhund und Wolf als stark ausgeprägter horizontaler Streifen), ist die Sehschärfe gut, die Lichtempfindlichkeit jedoch nur gering. Dort, wo die Stäbchen gehäuft auftreten, ist die Lichtempfindlichkeit hervorragend, die Sehschärfe jedoch reduziert. Das können wir selbst ausprobieren, indem wir in einer sternenklaren, mondlosen Nacht zum Himmel blicken und einen lichtstarken Stern fixieren. Ohne die Augen zu bewegen, suchen wir einen lichtschwachen Stern, der unscharf in der Peripherie unseres Sehfeldes erscheint. Sobald wir nun die Augen bewegen und den lichtschwachen Stern fixieren, um ihn mit den Zapfen der Fovea (der Stelle unseres schärfsten Sehens) genauer und schärfer zu betrachten, verschwindet er. Er taucht erst wieder auf, wenn wir ihn mit der Peripherie unserer Netzhaut betrachten, indem wir daran vorbeiblicken. Die Zapfen sind nicht lichtempfindlich genug, um auf das lichtschwache Objekt zu reagieren.

Die Photorezeptoren befinden sich auf der Rückseite der Netzhaut, am weitesten von der Linse entfernt und dem reflektierenden Tapetum zugewandt. Auf diese Weise haben sie eine höhere Chance, reflektierte Lichtquanten einzufangen, die ihnen beim direkten Lichteinfall entgangen sind. Das ist einer der Gründe, warum Hunde unter schlechten Lichtbedingungen deutlich besser als Menschen sehen.

Die Photorezeptoren wandeln die elektromagnetische Strahlung mithilfe der beschriebenen Photopigmente in neuronale Signale um und geben sie über ihre Synapsen an nachgeschaltete Netzhautzellen zu den sogenannten Ganglienzellen weiter. Zapfen (Farbsehen) sind beim Menschen 1:1 mit Ganglienzellen verschaltet, d. h. eine Ganglienzelle bekommt ihre Information von nur einem Zapfen. Das sorgt für eine extrem hohe Bildauflösung, weil benachbarte, aber von unterschiedlichen Reizen stimulierte Zapfen diese unterschiedliche Information ans Gehirn weitergeben können. Bei Hunden teilen sich vier Zapfen eine Ganglienzelle (4:1), d. h. diese vier benachbarten Zapfen können, auch wenn sie unterschiedliche Lichtreize registrieren, das Gehirn über diese Unterschiede nicht informieren, da nur eine Ganglienzelle ein gemeinsames Signal an das Gehirn sendet. Hunde haben daher eine schlechtere Bildauflösung.

In der Peripherie der Netzhaut liegen bei Menschen und Hunden nur Stäbchen (Hell-Dunkel-Sehen). Dort teilen sich bei Hunden bis zu 20 Stäbchen eine Ganglienzelle (bei Primaten: 16:1). Je mehr Photorezeptoren auf einer Ganglienzelle enden, sich diese also teilen, desto lichtempfindlicher reagiert diese Zelle, desto unschärfer ist jedoch auch das Bild. Daher ist die Sicht von Hunden wie beim Menschen in der Peripherie unscharf, es können jedoch noch sehr lichtschwache Objekte aus dem Augenwinkel wahrgenommen werden – wie in unserem Experiment mit den Sternen am Nachthimmel. Im Zentrum der Netzhaut teilen sich bei Hunden nur vier Stäbchen eine Ganglienzelle (4:1). Das entspricht ihrem Verhältnis von Zapfen zu Ganglienzellen (auch 4:1, s. oben). Die Sehschärfe der Stäbchen, die für das Sehen in der Dämmerung zuständig sind, aber keine Farben unterscheiden können, entspricht also im Zentrum der Hundenetzhaut jener der Zapfen, welche für das Sehen bei Tageslicht und die Farbwahrnehmung zuständig sind. Menschen haben im Zentrum der Netzhaut keine Stäbchen. Dieser Bereich ist bei schlechten Lichtbedingungen „blind“. Deswegen verschwindet der lichtschwache Stern, den wir aus dem Augenwinkel sehen können, wenn wir versuchen, ihn direkt zu fixieren. Ihr günstiges Verhältnis von Stäbchen zu Ganglienzellen ermöglicht Hunden dagegen, auch unter schlechten Lichtbedingungen in der Dämmerung lichtschwache Objekte noch mit maximaler Schärfe und vergleichsweise guter Auflösung zu sehen, wenn auch ohne Farben.

Die Ganglienzellen sind die ersten Zellen der Netzhaut, die ein Aktionspotential generieren und so mit dem restlichen Gehirn kommunizieren können. Ihre Axone bündeln sich zum Sehnerv, der als 2. Hirnnerv (Nervus opticus) zum Gehirn zieht (s. Abb. 7). Ein menschlicher Sehnerv besteht aus ca. 1,2 Millionen Axonen von ebenso vielen Ganglienzellen. Im Gegensatz dazu sind es bei Hunden nur ca. 150 000 Axone. Ein Hundehirn bekommt also viel weniger Informationen über seine visuelle Umwelt als das seines menschlichen Begleiters. Er „sieht schlechter" als ein Mensch.

Die Sehnerven aus dem rechten und linken Auge vereinigen sich im Gehirn in der Sehnervenkreuzung (Chiasma opticum). Stellen wir uns eine senkrechte Linie zwischen Himmel und Erde genau mittig vor unserer Nasenspitze vor, dann teilt diese Linie unsere Welt in zwei visuelle Hälften: das rechte und linke Gesichtsfeld. Der Teil der Welt, der auf die Netzhauthälfte der Nasenseite fällt, wird von Ganglienzellen codiert, deren Axone in der Sehnervenkreuzung in die gegenüberliegende Hirnhälfte kreuzen. Der Teil der Welt, der auf die Netzhauthälfte der Außenseite fällt, wird von Ganglienzellen codiert, deren Axone auch hinter der Sehnervenkreuzung in der gleichseitigen Hirnhälfte verbleiben (s. Abb. 7). Eine Hirnhälfte bekommt also Informationen aus beiden Augen, aber jeweils nur aus einem halben Auge. Das Kreuzen führt dazu, dass die linke Hirnhälfte die gesamte Information aus dem rechten Gesichtsfeld – und nur dem rechten Gesichtsfeld – bekommt und umgekehrt die rechte Hirnhälfte nur Informationen aus dem linken Gesichtsfeld verarbeitet.

Nachdem die Axone der Ganglienzellen die Sehnervenkreuzung gebildet haben und in ihre jeweiligen Hirnhälften weitergezogen sind, bildet der größte Teil von ihnen nun Synapsen mit Nervenzellen im Thalamus und zwar mit jenen im seitlichen Kniehöcker (Corpus geniculatum laterale, CGL), ganz in der Nähe der Nervenzellen des mittleren Kniehöckers (CGM), den wir noch aus dem Hörsystem kennen. Auch hier gilt wieder: Der Thalamus heißt Thalamus, weil alles durch den Thalamus muss. Es werden, je nach aktueller Bedürfnis- und Aufmerksamkeitslage des Organismus, alle Reize durchgelassen, die relevant erscheinen, während Reize, die keine neuen Informationen enthalten, hier unterdrückt werden.

Ein kleiner Teil der Axone der Ganglienzellen zieht jedoch nicht zum Thalamus, sondern bildet Synapsen mit Gebieten im Hypothalamus. Diese tragen nicht zur bewussten visuellen Wahrnehmung bei, sind jedoch z. B. für die Synchronisation von circadianen Rhythmen und des Schlaf-Wach-Rhythmus mit Lichtreizen (Hell-Dunkel-Wechsel im Tagesverlauf) von großer Bedeutung (s. Kapitel 8: Biorhythmen). Andere Axone ziehen weiter ins Mittelhirn, wo sie z. B. zur Steuerung der Pupillengröße wichtige Informationen über die Helligkeit liefern. Etwas 10 % der Ganglienzellenfortsätze ziehen zu den Colliculi rostrales in der Vierhügelplatte und ermöglichen reflektorische Reaktionen auf visuelle Reize (Lidschluss, Ohrbewegungen, Hals- und Kopfbewegungen) sowie die komplexe Koordination der Augenmuskeln. Neurone in den Colliculi rostrales reagieren insbesondere auf Reize, die sich über die Netzhaut bewegen. Einzelne Neurone haben sogar Vorlieben für bestimmte Bewegungsrichtungen. Erscheint ein bewegtes Objekt am Rand des Gesichtsfeldes, leiten diese Neurone sprunghafte Augenbewegungen ein, sodass das Objekt im Bereich des schärfsten Sehens platziert und durch Verfolgung mit den Augen gehalten wird. Dies lässt sich schön beim gut erzogenen Schäferhund beobachten, wenn man aus den Augenwinkeln einen Ball in sein Sichtfeld rollen lässt. Er wird den Ball mit den Augen und schließlich mithilfe von Kopfbewegungen verfolgen, die von den Colliculi rostralis gesteuert werden. Auf dieser Ebene werden auch Informationen aus dem akustischen System und den Lagesensoren des Körpers mit der visuellen Information zusammengeführt, so dass die Augenbewegungen mit Lageveränderungen des Kopfes koordiniert werden können, während akustische Information dabei helfen kann, die Augen auch im Dunkeln auf eine akustisch geortete Schallquelle auszurichten. Schließlich wird auch das ARAS der Formatio reticularis über die Lichtverhältnisse und visuelle Reize informiert, so dass die Erregung des Organismus angepasst werden kann.

Die Axone der Nervenzellen im Thalamus (CGL) ziehen indessen weiter als sogenannte „Sehstrahlung“ (Radiato optica) durch das gesamte Großhirn bis in den Hinterhauptlappen (Okzipitallappen) zur primären Sehrinde (s. Abb. 7). Während des gesamten Weges bleibt die retinotope Organisation erhalten (analog zur tonotopen Karte im Hörsystem), d. h. Ganglienzellen, die durch benachbarte Photorezeptoren erregt werden, schicken nebeneinander verlaufende Axone in den CGL, wo sie auf benachbarten Neuronen enden, die ihrerseits benachbarte Neurone im primären visuellen Cortex ansteuern. Allerdings ist die Abbildung des Gesichtsfeldes nicht originalgetreu wie auf einem Foto, sondern der zentrale Bereich wird vergrößert repräsentiert. Den Effekt dieser Verschaltung können wir selbst erleben, indem wir beispielsweise versuchen, einen Windsurfer auf dem Wasser, der uns ganz deutlich und groß erscheint, zu fotografieren. Auf dem Foto erscheint er zu unserer Enttäuschung viel kleiner und weiter entfernt zu sein als in unserer subjektiven visuellen Wahrnehmung. Durch seine Verschaltung verändert das Gehirn also unbemerkt den zentralen Bereich unserer subjektiven Welt.

## Woher weiß das Gehirn, was es sieht?

Wie wir schon im Kapitel zum Hören gesehen haben, kann weder Schall noch Licht ins Gehirn gelangen – jedenfalls nicht so, dass es etwas damit anfangen könnte. Vielmehr werden diese Ereignisse durch Sinneszellen in elektrisch-chemische Signale umgewandelt. Auch beim Sehen müssen wir uns also fragen, woher das Gehirn weiß, was dieses elektrische Signal bedeutet. Um das zu beantworten, folgen wir diesmal dem Pfad der Signale von der Netzhaut durchs Gehirn und beenden die Reise erst in Kapitel 9, wo wir nach den neurobiologischen Grundlagen des Bewusstseins forschen.

### Der Thalamus

Anders als beim Hören gelangt die Mehrheit der elektrischen Signale von den Ganglienzellen der Netzhaut ohne weitere Umschaltung in den Thalamus und zwar in den seitlichen Kniehöcker (Corpus geniculatum laterale, CGL). Im CGL des Thalamus kommen die Eingangssignale von der Netzhaut auf getrennten Pfaden an und diese Organisation bleibt bis in die primäre Sehrinde und weit darüber hinaus erhalten. Jeder dieser Pfade transportiert eine bestimmte Qualität des Sehens. So transportiert einer der Pfade nur Informationen über Formen, ein anderer über Bewegungen, ein weiterer über Farben. Zusammengesetzt werden diese Qualitäten erst später in nachgeschalteten Hirnzentren. Die Organisation der Information im CGL folgt einer strengen Ordnung. Die Nervenzellen des CGL, auf denen die elektrischen Signale ankommen, die Bewegung codieren, haben beispielsweise eine sehr hohe Leitungsgeschwindigkeit, sodass sie perfekt für ihre Aufgabe geeignet sind, Bewegungen quasi hochauflösend darzustellen. Sie verarbeiten jedoch keine Informationen über Formen oder Farben. Vereinfacht könnte man sagen: Sie wissen, *dass* sich etwas bewegt, aber nicht, *was* sich da bewegt. Die Pfade kommunizieren also nicht untereinander, sondern bleiben getrennt.

Dazu kommt, dass die Information aus beiden Augen im CGL ebenfalls getrennt gehalten wird. Die elektrische Erregung der Nervenzellen im CGL spiegelt diejenige auf der Netzhaut. Ganglienzellen, die Erregungsmuster transportieren, die von benachbarten Sinneszellen auf der Netzhaut stammen, enden an benachbarten Nervenzellen im CGL. Dieses Prinzip bezeichnet man als retinotopische Organisation oder retinotope Karte. Deswegen wird der CGL auch manchmal als „innere Netzhaut" bezeichnet.

Die elektrischen Signale von der Netzhaut machen jedoch nicht den Hauptteil der Eingangssignale im CGL aus. Etwa 80 % der eingehenden Axone stammen aus der primären Sehrinde (primärer visueller Cortex, V1). Der Thalamus sendet also nicht nur visuelle Information an die primäre Sehrinde, sondern bekommt von dort auch Feedback. Diese Feedbackschleifen helfen ihm, bestimmte Teile der visuellen Information auszuwählen, die in der gegenwärtigen Situation für den Organismus bedeutsam sind, und andere Teile zu unterdrücken. Der Rest der Eingänge des CGL stammt überwiegend aus dem Hirnstamm, aus der Formatio reticularis (Steuerung der Erregung). Diese Eingangssignale modulieren die Aktivität des CGL und sind so höchstwahrscheinlich an selektiven visuellen Aufmerksamkeitsprozessen beteiligt, die von Erregung, Aufmerksamkeit und Emotion beeinflusst werden. Spätestens im Thalamus ist „Sehen" also nicht mehr eine 1:1 Abbildung der Umwelt, sondern ein hoch selektiver Prozess, bei dem einzelne visuelle Aspekte abhängig von der Erregung, den Emotionen und aktuellen Bedürfnissen des Individuums aus dem Strom elektrischer Signale herausgefiltert und hervorgehoben werden, während andere Aspekte aktiv gehemmt werden. Das Gehirn beginnt schon in diesem Verarbeitungsschritt, sich seine eigene Welt zu erschaffen.

## Primärer visueller Cortex (V1)

Der primäre visuelle Cortex liegt am weitesten hinten im Gehirn im Okzipitallappen. Verletzungen des Hinterkopfes gehen daher oft mit Ausfällen des zentralen Gesichtsfeldes einher, d. h. Blindheit in einigen Teilen des Gesichtsfeldes, während andere Teile noch gesehen werden können, besonders in der Peripherie. Diese Region wird auch primäre Sehrinde oder visuelles Areal 1 (Areal V1) genannt. Die nachgeschalteten Großhirnareale, die visuelle Information verarbeiten, heißen entsprechend V2, V3 und V4 (s. Abb. 8).

Die primäre Sehrinde bekommt einen Teil ihrer Eingangssignale aus dem CGL des Thalamus. Andere Eingänge kommen aus zahlreichen anderen Hirnstrukturen, teilweise aus Großhirnbereichen, die nichtvisuelle Informationen verarbeiten, teilweise aus subkortikalen Regionen. Diese Eingangssignale helfen, ähnlich wie im Thalamus, die relevante visuelle Information auszuwählen und so weiterzuverarbeiten, dass das Individuum etwas damit anfangen kann. Es geht dem Organismus bei der Sinneswahrnehmung nicht darum, die Welt abzubilden, so wie sie ist. Dafür sind Sinnesorgane viel zu beschränkt in der Auswahl der physikalischen Reize, auf die sie reagieren. Es geht vielmehr darum, einen Ausschnitt der Welt (z. B. ein weißes Schaf, das hinter einem summenden Stromzaun steht), so darzustellen, dass der Organismus eine Entscheidung für oder gegen eine Handlung treffen kann, die optimal an die Situation angepasst ist. Dazu wird das Schaf und das Weidezaunnetz visuell und das Geräusch des Stromzaunes akustisch „vergrößert" und tritt beachtet ins Bewusstsein, während die gelben Butterblumen, die für das Schaf vielleicht äußerst interessant sein mögen, für den Hund jedoch irrelevant sind, ausgeblendet und nicht weiterverarbeitet werden. Das bedeutet jedoch auch, dass zwei Individuen niemals dieselbe Welt sehen können. Zwar mag dasselbe Bild auf ihre Netzhäute fallen, wie die daraus entstehenden elektrischen Signale danach jedoch verarbeitet werden – was man „sieht“ –, wird sich je nach Lernerfahrung, aktueller Bedürfnis- und Motivationslage, Erregungszustand und emotionaler Verfassung voneinander unterscheiden. Da kein Organismus auf dieser Welt die objektive Welt so wahrnehmen kann, wie sie ist, leben wir subjektiv in unterschiedlichen Welten. Dies in der Kommunikation nicht zu beachten, ist eine unerschöpfliche Quelle von Missverständnissen und Konflikten.

Schauen wir uns nun an, wie der visuelle Cortex aus elektrischen Signalen ein inneres Bild erzeugt. In der Netzhaut und im Thalamus reagieren Neurone auf einzelne Lichtpunkte, die auf die Netzhaut fallen. Im visuellen Cortex reagieren die meisten Zellen dagegen auf komplexere Netzhautbilder. Eine ganze Gruppen von Zellen interessiert sich z. B. vor allem für ausgedehnte, geradlinige Objekte wie Linien, Balken oder Gittermuster. Einzelne Zellen sind dabei hoch spezialisiert. So gibt es Zellen, die nur reagieren, wenn eine Linie einer bevorzugten Länge im 45° Winkel zur Senkrechten steht. Auf Linien anderer Länge oder Orientierung spricht sie weniger oder gar nicht an. Sie reagiert überdies nur, wenn diese Linie auf einen bestimmten Bereich der Netzhaut fällt. Fällt so eine Linie auf einen anderen Bereich der Netzhaut, ist eine andere Nervenzelle in V1 dafür zuständig, darauf zu reagieren. Daneben gibt es weitere Nervenzellen in V1, die ebenfalls auf balkenförmige Objekte einer bestimmten Orientierung reagieren, jedoch relativ unabhängig davon, wo sich das Objekt auf der Netzhaut befindet. Viele dieser Zellen reagieren jedoch besonders stark, wenn sich das Objekt bewegt, und sind richtungssensitiv, d. h. sie bevorzugen Objekte, die sich mit der „richtigen“ Orientierung in die „richtige“ Richtung bewegen – aus Sicht einer einzelnen spezialisierten Zelle. Für andere Orientierungen und Bewegungsrichtungen sind die benachbarten Zellen zuständig.

Ein weiterer Zelltyp ist darauf spezialisiert, nur zu reagieren, wenn ein Objekt eine bestimmte Länge hat. Diese Zellen können gut Ecken und komplexe Konturen identifizieren. Bestimmte andere Zellen innerhalb von V1 reagieren empfindlich auf Farbe, unabhängig von anderen Merkmalen wie Orientierung.

Wie kommen diese Zellen dazu, so spezifisch auf bestimmte Eigenschaften einer visuellen Szene zu reagieren? Jede von ihnen steht am Ausgang eines individuellen neuronalen Schaltkreises in V1. In diesen Schaltkreisen wird, ähnlich wie in einem Computerschaltkreis, elektrisch codierte Information mithilfe von tausenden erregenden und hemmenden Neuronen verarbeitet, bis am Ende die „Ausgangsnervenzelle" auf spezifische Eigenschaften reagiert, d. h. daraufhin Aktionspotentiale generiert und diese in einen nachfolgenden Schaltkreis als „Eingangssignal" einspeist. Die Nervenzellen, die in diese Schaltkreise eingebunden sind, machen einen großen Teil des visuellen Cortex aus. Es handelt sich um eine riesige Rechenmaschine, welche die Informationen aus der Netzhaut (sinnentleerte Lichtpunkte), die mit den über 150 000 Axonen des Hundesehnervs an das Gehirn weitergeleitet werden, zu deutlich weniger zahlreichen, aber dafür sinnhaften Informationseinheiten zusammenfasst (Länge, Orientierung, Bewegungsrichtung, etc.). Beim Menschen sind es, nur zur Erinnerung, 1,2 Millionen Axone, die Informationen über ebenso viele Lichtpunkte dem Gehirn zuleiten. Daher muss der visuelle Cortex des Menschen entsprechend größer sein, um die Datenmengen zu verarbeiten, und die menschliche visuelle Wahrnehmung ist insgesamt vermutlich deutlich komplexer und differenzierter.

Je weiter nachgeschaltet die visuellen neuronalen Schaltkreise sind, desto stärker reagieren sie auf zunehmend komplexere Reizeigenschaften. Dieses zentrale Funktionsprinzip findet sich übrigens in allen Sinnesqualitäten. Während Ganglienzellen der Netzhaut hauptsächlich z. B. auf Hell-Dunkel-Unterschiede und Farbunterschiede reagieren, berechnen die Zellen in V1 nicht einfach nur Übergänge, die sich aus Helligkeits- und Farbkontrasten ergeben, sondern analysieren auch die Gestalt der sich daraus ergebenden Konturen. Um ein Objekt zu identifizieren, genügt es, die Konturen, die es gegen den Hintergrund abgrenzen, sowie deren charakteristischen Aufbau zu erfassen. Das Innere gleichförmiger Flächen, die von diesen Konturen umgrenzt werden, trägt dagegen fast nichts zur Objekterkennung bei.

Noch immer „weiß" das Gehirn jedoch nicht, was es gesehen hat. In V1 haben wir lediglich Neurone, die bereits spezifisch auf bestimmte Aspekte einer Szene – wie Länge, Orientierung, Ecken, Farben, Bewegungsrichtung – reagieren. Die Information über diese verschiedenen visuellen Qualitäten wird jedoch noch weitgehend getrennt voneinander auf verschiedenen Pfaden verarbeitet. Sogar die Information aus beiden Augen wird in V1 getrennt gehalten.

Jenseits von V1 gibt es mindestens zwei Dutzend weitere Cortexareale, die sich mit der Auswertung visueller Information beschäftigen, und obwohl hier der Eindruck entstehen mag, das visuelle System sei gut erforscht, wissen wir jenseits von V1 vergleichsweise wenig darüber, welchen genauen Beitrag die einzelnen Areale zum Sehen liefern. Dies gilt sogar für Primaten und Menschen, die am besten erforschten Spezies, wenn es um die Funktion einzelner Hirnareale geht. Dennoch kristallisiert sich aus den Forschungsdaten deutlich heraus, dass es jenseits von V1 zwei Pfade gibt, auf denen die visuelle Information weiterverarbeitet wird. Einen ventralen Pfad, der zum Schläfenlappen (Temporallappen) zieht und für das Erkennen von Objekten zuständig ist, und einen dorsalen Pfad, der zum Scheitellappen (Parietallappen) zieht und an der Analyse von Bewegung beteiligt ist (s. Abb. 8).

## Ventraler Pfad – Die Was-Bahn

Die Zellen, die in V1 auf Farben reagieren, sind mit Neuronen in V2 verknüpft, die ebenfalls farbspezifisch sind und ihrerseits Ausgangssignale zu farbspezifischen Zellen in V3 und V4 weiterleiten. Auch Formen werden in V2, V3 und V4 weiter analysiert. In V4 findet vermutlich die Verknüpfung von Informationen über Farbe und Form eines Objektes statt. Indem Farbkontraste in die weitere Objektanalyse einbezogen werden, wird eine differenziertere Objekterkennung möglich. So ist es beispielsweise möglich, einen reifen roten Apfel vor dem Hintergrund grüner Blätter leichter zu finden und von einem unreifen grünen Apfel zu unterscheiden. In V4 finden sich Zellen, die sensitiv auf Reize mit einer bestimmten Orientierung, Form und Farbe reagieren.

Von V4 aus zieht eine Bahn in das Areal IT (inferotemporaler Cortex). Die Zellen hier reagieren auf sehr komplexe Reize selektiv, wie Farbnuancen und abstrakte Formen (Hände, Autos, Möbel oder Tiere). Diese Region scheint sowohl für die visuelle Wahrnehmung als auch für das visuelle Gedächtnis wichtig zu sein. Ein kleiner Teil der Neurone im IT reagiert sogar spezifisch nur auf Gesichter. Dies wurde nicht nur bei Menschen und Affen gezeigt, sondern auch Hunde verfügen über Neuronengruppen, die spezifisch auf Hunde- und Menschengesichter reagieren. Wird diese Region beispielsweise durch einen Schlaganfall zerstört, entsteht „Gesichtsblindheit“ (Prosopagnosie), d. h. die Patienten können Gesichter nicht mehr unterscheiden und auch vertraute Personen nicht mehr erkennen. Sie nutzen andere Merkmale wie die Stimme, Kleidung oder das Gangbild, um ihr Gegenüber zu identifizieren. (Anschaulich beschrieben wird die Prosopagnosie in Oliver Sacks Buch: „Der Mann, der seine Frau mit einem Hut verwechselte.“) Die Zellen in diesem gesichtssensitiven Bereich des IT reagieren bei gesunden Individuen auch auf andere

Reize als Gesichter, aber Gesichter lösen deutlich stärkere Aktivität aus und manche Gesichter, z. B. die vertrauter Menschen, lösen stärkere Aktivität aus als andere.

### Dorsaler Pfad – Die Wo-Bahn

Wir haben gesehen, dass es in V1 bestimmte Zellen gibt, die sich für Bewegung interessieren. Diese Zellen geben ihre Ausgangssignale weiter an Zellen in V2 und V3, die ebenfalls bewegungssensitiv sind (s. Abb. 8). In der Area MT (mittlerer Temporallappen) laufen diese Signale aus V1–V3 zusammen. Die Neurone des MT reagieren auf Bewegungen und sind fast alle richtungsselektiv. Dies unterscheidet sie von den vorgeschalteten Zellen in V1–V3 des dorsalen Pfades. Die Zellen im MT reagieren auch auf die Bewegung vorüberfliegender Lichtpunkte, die von anderen Neuronen nicht beantwortet werden. Scheinbar ist die Bewegung selbst und ihre Richtung für die Neurone des MT wichtiger als die Form des sich bewegenden Objektes. Eine externe Stimulation der Neurone im MT durch elektrische Reize bewirkt bei Affen, die kleine Lichtpunkte verfolgen, dass sie sich so verhalten, als hätten sie eine Bewegung in die Richtung wahrgenommen, die von den gereizten Neuronen codiert wird, statt jener Bewegung, die tatsächlich präsentiert wird.

Der MT gibt seine Ausgangssignale weiter an Neurone im Areal MST. Hier finden sich Neurone mit speziellen Bewegungssensitivitäten. Einige reagieren bevorzugt auf lineare Bewegungen, andere auf kreisförmige, entweder im Uhrzeigersinn oder entgegengesetzt. Es gibt Neurone, die strahlenförmige Bewegungen bevorzugen, die entweder nach innen oder nach außen verlaufen, wie bei Star Trek, wenn die Sterne bei der Beschleunigung auf Warpgeschwindigkeit strahlenförmig aus einem Punkt herauszuspringen scheinen. Diese Neurone brauchen wir, um unsere eigene Geschwindigkeit in einer vorüberhuschenden Landschaft einschätzen zu können.

Wir finden im dorsalen Pfad also dasselbe Prinzip wie im ventralen Pfad. Die Neurone reagieren auf zunehmend komplexere Reize sehr spezifisch. Auf diese Weise wird die visuelle Information über verschiedene Verarbeitungsstufen im visuellen Cortex schrittweise in sinnvolle Einheiten gebündelt, die dem Individuum helfen, vertraute Muster aus dem Chaos von Lichtpunkten auf der Netzhaut herauszuarbeiten und auf diese zu reagieren. Diese extrahierten Muster müssen dann mit Gedächtnisinhalten verglichen werden, um sinnvolle Reaktionen abzuleiten (Was-Bahn) bzw. helfen dabei, die Haltung des Kopfes und des Körpers, die Bewegung der Augen und Bewegungen des eigenen Körpers durch die Umwelt zu koordinieren (Wo-Bahn).

In den sogenannten Assoziationszentren laufen die Informationen aus Was- und Wo-Bahn zusammen und werden mit den Informationen aus weiteren Sinnesorganen integriert. In einem weiteren Verarbeitungsschritt kommt es dann zum „Bewusstwerden" der visuellen Reize und der Umwelt (s. Kapitel 9).

## Räumliches Sehen

Um verstehen zu können, wie binokulares räumliches Sehen entsteht, machen wir jetzt zunächst das Finger-Experiment. Indem wir den ausgestreckten Zeigefinger mittig auf Armeslänge von uns entfernt halten und einen dahinterliegenden Gegenstand (z. B. einen Baum oder ein Möbelstück) fixieren, sehen wir plötzlich ein Doppelbild unseres Zeigefingers. Schließen wir nun das linke Auge, verschwindet das Doppelbild und wir sehen nur einen Zeigefinger, der nach links springt. Öffnen wir das linke Auge wieder und schließen das rechte Auge, springt der Zeigefinger nach rechts. Das Bild des Zeigefingers fällt auf die Netzhäute beider Augen, jedoch aus leicht unterschiedlichen Winkeln, also an nicht korrespondierende Stellen beider Netzhäute. Deswegen springt er hin und her, wenn wir die Augen abwechselnd schließen. Das wird binokulares Sehen genannt und der Bereich der Welt, den wir mit beiden Augen sehen können, heißt binokulares Gesichtsfeld. Die Größe des binokularen Gesichtsfeldes hängt beim Hund stark von der Kopfform und der damit verbundenen Augenstellung ab, die aufgrund der Vielzahl moderner Hunderassen extrem variabel sind. Je nach Länge der Nase wird zudem ein großer Teil des unteren Gesichtsfeldes verdeckt. Bei einem typischen mesocephalen Hund (mittlere Kopf- und Schnauzenlänge) beträgt das binokulare Gesichtsfeld ca. 60° (Sehwinkel). Die neuronale Verschaltung der Ganglienzellen lässt jedoch vermuten, dass davon nur der mittlere Bereich um die Nase (ca. 35–40°) tatsächlich hochqualitative Tiefenwahrnehmung erlaubt. Beim Menschen beträgt das binokulare Gesichtsfeld dagegen ca. 140°. Das gesamte Gesichtsfeld des Menschen beträgt ca. 180°. Hunde haben zwar nur in einem deutlich kleineren Bereich tatsächlich dreidimensionale Tiefenwahrnehmung, dafür ist ihr gesamtes Gesichtsfeld mit ca. 240° deutlich größer (für mesocephale Durchschnittshunde). Denken wir nun wieder an die Sehnervenkreuzung. Alles rechts der Mittellinie gelangt in die linke Hirnhälfte, alles links davon in die rechte Hirnhälfte. Das führt dazu, dass im Bereich des binokularen Gesichtsfeldes die rechte (bzw. linke) Hirnhälfte dieselbe Information von beiden Netzhäuten bekommt (z. B. das Bild eines Zeigefingers, der links der Mittellinie gehalten wird). Beim Menschen ist die Überlappung von dem, was rechtes bzw. linkes Auge jenseits der Mittellinie noch sehen können, deutlich größer als beim Hund. Das führt dazu, dass unser Gehirn die dreidimensionale Tiefenwahrnehmung für ein deutlich größeres binokulares Gesichtsfeld berechnen kann.

Aber wie macht das Gehirn das? Tiefenwahrnehmung funktioniert nur im Nahraum (bis ca. 6 m). Lichtpunkte, die von weiter entfernt liegenden Objekten auf die Augen treffen, fallen auf korrespondierende Netzhautstellen, da die Strahlen annähernd parallel verlaufen. Wie wir sehen werden, ist aber gerade die Abweichung auf den Netzhäuten der Schlüssel zum binokularen Sehen. Es gibt im visuellen Cortex Neurone, die nur feuern, wenn zwei korrespondierende Netzhautpunkte aktiviert werden, und es gibt andere Neurone, die nur antworten, wenn ein ganz bestimmter Grad an Abweichung zwischen den beiden Bildpunkten vorliegt. Letztere sind Tiefendetektoren. Je größer der Grad der Abweichung, desto näher muss das Objekt an den Augen liegen. Auf diese Weise findet das Gehirn heraus, welche Objekte im Nahraum näher liegen und welche weiter entfernt sind.

Die Abweichung auf den beiden Netzhäuten äußert sich in Form von Doppelbildern, deren Überlappung stärker ist, je weiter das Objekt entfernt ist. Bei Objekten, die weit genug entfernt sind, ist die Überlappung vollständig und es tritt kein Doppelbild mehr auf. Bei sehr nahen Objekten wie der eigenen Nasenspitze, ist die Überlappung nur sehr gering und wir sehen deutlich abweichende Doppelbilder. Warum sehen wir diese Doppelbilder jedoch nur, wenn wir uns darauf konzentrieren, aber beispielsweise nicht beim Lesen von Texten wie diesem hier? Auch hier zeigt sich wieder, dass wir nicht die Welt selbst sehen, sondern das Ergebnis eines Rechenprozesses, den das Gehirn vorgenommen hat. Statt uns zwei Doppelbilder zu zeigen, verarbeitet das Gehirn diese zu einer einzigen Struktur, die wir dreidimensional wahrnehmen. Die Neurone hierfür liegen in V1. Diese Rechenleistung ist die Voraussetzung für den erfolgreichen Mäusesprung des Terriers.

Der Eindruck von Tiefe kann auch auf einem zweidimensionalen Medium wie einem Blatt Papier erzeugt werden. Auf diese Weise können Menschen Kunstwerke erschaffen, auf denen Architektur und Landschaften räumlich dargestellt werden. Das liegt daran, dass das

Gehirn neben dem binokularen räumlichen Sehen noch andere Hinweise auf Tiefe nutzt. Verdeckt ein Objekt A ein Objekt B, so muss B hinter A liegen. Ist die Größe eines Objektes, beispielsweise eines Feldhasen, dem Gehirn bekannt und erscheint das Objekt kleiner, dann muss es sich weiter entfernt befinden. Parallel verlaufende Linien wie Häuserkanten, Eisenbahnschienen oder Straßen scheinen sich mit zunehmender Entfernung in einem Punkt zu treffen. Je stärker sie sich annähern, desto weiter müssen sie entfernt sein. Zuletzt liefern auch Farben Hinweise auf Tiefe. Objekte, die weiter entfernt sind, erscheinen blasser, d. h. schwächere Farbtöne signalisieren eine größere Entfernung des Objektes. Indem das Gehirn auch solche Hinweise nutzt, kann es Entfernungen abschätzen, die außerhalb des Nahbereiches liegen. Das ist für Hunde wichtig, wenn sie Entscheidungen darüber treffen, ob sich ein Sprint beim Jagen lohnen würde oder ob die Entfernung zum Wild noch zu groß ist. Auch schielende Hunde, bei denen das binokulare Sehen nicht funktioniert, haben auf diese Weise zumindest ein rudimentäres räumliches Sehen, vergleichbar mit dem, was wir sehen, wenn wir ein Auge schließen. Die Doppelbilder, die beim Schielen entstehen, werden unterdrückt, indem nur die Bilder des „dominanten“ Auges verarbeitet werden.

## RIECHEN

Der Geruchssinn (olfaktorischer Sinn) unterscheidet sich auf neurobiologischer Ebene von anderen Sinnessystemen. Zum einen erneuern sich die Sinneszellen des Riechsystems ständig. Diese Eigenschaft teilt sich der Geruchssinn mit dem Geschmackssinn. Was ihn jedoch wirklich einzigartig macht, ist seine Verschaltung innerhalb des Gehirns, die es erlaubt, dass Düfte unmittelbarer als alle anderen Sinneswahrnehmungen Emotionen und Gedächtnisbildung beeinflussen.

Hunde haben im Vergleich zum Menschen ein überaus gut ausgeprägtes olfaktorisches System. Das spiegelt sich u. a. in der Größe ihrer Riechschleimhaut und der Anzahl der Riechzellen wider. Die menschliche Riechschleimhaut ist 10 $cm^2$ groß, bei einigen Hunderassen beträgt die Fläche dagegen mehr als 170 $cm^2$. Pro Quadratzentimeter verfügen Hunde zudem über 100-mal mehr Rezeptoren als Menschen. Der überlegene Geruchssinn zeigt sich auch in der Größe des Riechkolbens (Bulbus olfactorius) sowie der primären Riechrinde, also in den neurologischen Strukturen, die die Information aus den Riechzellen auswerten (vgl. Abb. 16 – Mensch: Riechkolben und Abb. 2 – Hund: Rhinencephalon). Wir erinnern uns: Je hochauflösender ein Sinn funktioniert, desto mehr Nervenzellen braucht man, um die zugrunde liegenden Verarbeitungsschritte durchzuführen. Die Hirnstrukturen, in denen diese Nervenzellen liegen, sind dann entsprechend proportional vergrößert.

Der Geruchssinn hilft Säugetieren dabei, zusammen mit dem Geschmackssinn Nahrungsmittel zu identifizieren und ihren Zustand zu prüfen (Reife, Genießbarkeit, Nährstoffgehalt). Er warnt uns vor schädlichen Substanzen und Giften. Auch gefährliche Situationen wie einen Waldbrand können wir durch Rauch- und Brandgeruch frühzeitig bemerken. Bei vielen Arten dient der Geruchssinn darüber hinaus der Kommunikation. Pheromone helfen bei der Wahl der passenden Partner, der Reviermarkierung, dem Erkennen einzelner Individuen einer Gruppe und deren Gestimmtheit. Bei vielen Tierarten werden Instinkthandlungen durch Gerüche ausgelöst, insbesondere im Bereich des Paarungs- und Brutpflegeverhaltens. Selbst beim Menschen wird Verhalten oft durch Gerüche gesteuert. Dies geschieht meist, ohne dass sich der Mensch dessen überhaupt bewusst wird und ohne bzw. nur mit minimaler Beteiligung kognitiver Prozesse. Essensgerüche lösen oft Appetit und Esslust aus, Sympathie und Antipathie und damit die Partnerwahl hängen von Gerüchen ab, und selbst Kaufentscheidungen lassen sich über Gerüche unbewusst beeinflussen. Obwohl es nicht unser Hauptsinn ist, können jedoch auch Menschen Gerüche bewusst wahrnehmen und verarbeiten. Die Geruchswahrnehmung lässt sich trainieren. Während selbst untrainierte Menschen mehrere hunderttausend Substanzen riechen können, bedeutet das nicht, dass diese auch bewusst (wieder-) erkannt und benannt werden könnten. Trainierte Parfümeure können jedoch nachgewiesenermaßen über 5 000 Duftstoffe erkennen, unterscheiden und benennen. Das bewusste olfaktorische Erleben von Hunden mit ihrem deutlich differenzierteren und leistungsfähigeren olfaktorischen System werden wir uns dagegen nie auch nur ansatzweise vorstellen können. Hunde riechen nicht nur „besser", d. h. stärker verdünnte Gerüche, sie unterscheiden auch spielend zwischen Geruchsnuancen, die für uns einheitlich wirken. Aber genau wie wir müssen auch sie lernen, diese Düfte zu „benennen" und auf ein verbales oder nonverbales Zeichen hin bestimmten Gerüchen auf einer Fährte zu folgen.

### Wie gelangt ein Duftstoff ins Gehirn?

Das Riechen gehört wie das Schmecken zu den Sinnen, die auf chemische Moleküle reagieren. Diese Moleküle müssen in den Gasen der Luft, die wir atmen, löslich, d. h. flüchtig, sein. Zusätzlich müssen sie sich in den Sekreten der Riechschleimhaut lösen können. Fast alle Gerüche, die wir als typisch für eine Substanz empfinden, sind Mischgerüche. Am Duft von Kaffee sind beispielsweise mindestens 500 riechbare Stoffe beteiligt. Anders als beim Hör- und Sehsystem gibt es keine einfachen physikalischen Grundkomponenten, in die Gerüche zerlegt werden könnten und für deren Wahrnehmung ein oder wenige spezialisierte Sinneszelltypen ausreichend sind. Statt wie im Ohr nur einen Typ Hörzellen oder im Auge nur wenige Typen von Photorezeptoren brauchen wir in der Nase hunderte verschiedener Geruchsrezeptortypen. Beim Menschen wurden ca. 350 Gene entdeckt, die funktionsfähige Rezeptorproteine für Duftstoffe codieren. Das ist insofern bemerkenswert, als dass es insgesamt nur ca. 25 000–40 000 menschliche Gene gibt und ca. 1 % mit der Codierung von Duftstoffrezeptoren beschäftigt sind. Bei Nagern wurden über 1000 Gene entdeckt, die Duftstoffrezeptoren codieren. Das ist die größte bislang entdeckte Genfamilie bei Säugern. Beim Hund sind es knapp 800 funktionierende Rezeptorgene. Die Bedeutung dieses Sinnes kann also gar nicht hoch genug geschätzt werden.

Die Riechzellen in der Riechschleimhaut sind Nervenzellen, die in regelmäßigen Abständen von wenigen Wochen erneuert werden, indem aus in der Riechschleimhaut liegenden Stammzellen neue Rezeptorzellen gebildet werden. Sie sind damit einer der wenigen Typen von Nervenzellen, die permanent erneuert und ersetzt werden. Am Dendriten der Sinneszelle, welcher dem Naseninneren zugewandt ist, entspringen 5–20 Cilien (Riechhärchen). Hier docken die Duftstoffmoleküle an und lösen über eine chemische Kettenreaktion (Second-Messenger-Kaskade) ein Aktionspotential aus. Am entgegengesetzten Ende der Zelle entspringt das Axon, welches das Aktionspotential zum Riechkolben im Gehirn weiterleitet.

Wie können jedoch einige hundert Rezeptortypen zwischen hunderttausenden von potenziellen Gerüchen unterscheiden? Jedes Duftstoffmolekül aktiviert potenziell mehrere verschiedene Rezeptortypen, wobei jeder Typ unterschiedlich empfindlich auf ein bestimmtes Duftstoffmolekül reagiert. So entsteht ein zusammengesetztes elektrisches Signal, welches über viele Neurone verteilt das Gehirn erreicht. Das Prinzip entspricht den Verarbeitungsschritten im visuellen oder im akustischen System, wo ein Bild oder ein Geräusch ebenfalls zunächst viele Rezeptoren erregt. Erst im Gehirn werden in mehreren

Verarbeitungsschritten die über viele elektrische Bahnen verteilten Signale zu einem Gesamtbild zusammengeführt.

### Woher weiß das Gehirn, was es riecht?

Die Riechkolben sind insbesondere bei Nagern intensiv erforscht. Es stellt sich heraus, dass die Organisationsprinzipien der Neurone innerhalb der Riechkolben Wunder der Evolution sind, welche Neurowissenschaftler aufgrund ihrer Präzision in Erstaunen versetzen. Im Riechkolben liegen ca. 2000 kugelförmige Strukturen, in denen die Eingangssignale der Axone der Riechzellen enden. Diese werden „Glomeruli" genannt. Diese Glomeruli sind komplexe synaptische Netzwerke. Hier enden die Axone der Riechzellen auf einem speziellen Typ von Nervenzellen, den sogenannten Mitralzellen. Im Schnitt ziehen die Axone von weit mehr als 1000 Riechzellen zu einer einzigen Mitralzelle. Ein Glomerulus empfängt mit seinen nur ungefähr 100 Mitralzellen Informationen von ca. 25 000 Riechzellen. Das Erstaunliche ist die Präzision der Verschaltung. Jeder Glomerulus erhält Informationen aus Rezeptoren, die weit über die Riechschleimhaut verstreut sind. Markiert man Rezeptorneurone, die auf dasselbe Duftstoffmolekül reagieren, stellt sich heraus, dass alle Axone dieser Rezeptorneuronen in nur je einem Glomerulus im rechten bzw. linken Riechkolben zusammenlaufen. Denkt man jetzt daran, dass diese Rezeptorneurone alle paar Wochen ausgetauscht werden, stellt sich die Frage, wie es den Axonen der neuen Zellen gelingt, präzise den Weg durch das Chaos möglicher synaptischer Verbindungen zu „ihrem" Glomerulus zu finden. Würden sie im falschen Glomerulus enden, würde dies dazu führen, dass man einen vertrauten Geruch fälschlich als einen anderen Geruch wahrnimmt. Diese ungelöste Frage macht den Geruchssinn für Neurobiologen so interessant. Es gibt im Gehirn auch an anderer Stelle Stammzellen, aus denen sich neue Nervenzellen entwickeln. Gelänge es den Forschern, den Mechanismus zu identifizieren, mit denen diese neuen Nervenzellen die richtigen Verknüpfungen bilden, könnten sie, so die Hoffnung, untergegangene Nervenzellverbände künstlich durch neue Neurone ersetzen. Dies wäre ein großer Fortschritt für Schlaganfall- und Demenzpatienten.

Glomeruli sind also duftstoffspezifisch. Da es deutlich mehr Geruchseindrücke als Glomeruli gibt, muss die Information aus den Glomeruli, ähnlich wie im Seh- und Hörsystem, in nachfolgenden Verarbeitungsschritten kombiniert und ggf. mit Gedächtnisinhalten abgeglichen werden, sodass ein kombinierter sinnhafter Eindruck – z. B. „Hasenduft" entsteht. Genau wie die Duftstoffrezeptoren unterschiedlich stark auf bestimmte Duftstoffmoleküle reagieren, werden auch die Glomeruli, zu denen diese Rezeptoren projizieren, unterschiedlich stark durch bestimmte Gerüche aktiviert. Jeder Duft ergibt sich aus dem typischen Aktivierungsmuster einer Teilmenge aller Glomeruli. So wie in einem Orchester das zeitlich und räumlich koordinierte Zusammenspiel verschiedener Instrumente ein bestimmtes Musikstück hervorbringt, codiert das zeitliche und räumliche Zusammenspiel verschiedener Glomeruli verschiedene Düfte. Durch den Geruch eines Hasen wird eine bestimmte Kombination von Glomeruli aktiviert, durch den eines vertrauten Menschen dagegen eine andere. Ist das System mit einem bestimmten Geruch bereits vertraut, genügt oft ein Bruchteil des ursprünglichen Aktivierungsmusters, um den Duft erneut zu identifizieren. Auch dies ist im visuellen und akustischen System ähnlich. Trotz schlechter Sichtverhältnisse können beispielsweise Beutetiere in der Dämmerung identifiziert oder der eigene Name aus der Menge der Störgeräusche einer Hundespielgruppe herausgefiltert werden.

Die Riechkolben sind wie alle Sinnessysteme mit nachgeschalteten Hirnstrukturen verknüpft, in denen die Geruchsinformation weiterverarbeitet und mit anderen Sinneseindrücken assoziiert wird. Aufgrund des besonderen Aufbaus des Geruchssystems kann es ungewöhnlich breiten und direkten Einfluss auf diejenigen Teile des Großhirns nehmen, die neben der Unterscheidung von Gerüchen für die Entstehung von Emotionen und Motivation sowie für die Bildung von Gedächtnisinhalten eine Rolle spielen.

### Bewusstes Riechen

Eine evolutionär alte Bahn führt – ohne wie andere Sinnesbahnen zuvor durch den Thalamus zu ziehen – in eine Region der Großhirnrinde, die man als primäre Riechrinde (Gyrus olfactorius lateralis) bezeichnet (s. Abb. 16). Bei Tieren mit ausgeprägtem Geruchssinn ist dieser Cortexbereich sehr groß, beim Menschen dagegen recht klein. Die primäre Riechrinde liegt in unmittelbarer Nachbarschaft der Hippocampusformation (Gyrus parahippocampalis), die u. a. für die Langzeitgedächtnisbildung von entscheidender Bedeutung ist, und steht mit dieser in direkter Verbindung. Somit bildet der Gyrus parahippocampalis den sekundären olfaktorischen Cortex. Die Hippocampusformation nimmt als Teil des limbischen Systems darüber hinaus Einfluss auf emotionale Vorgänge sowie indirekt auch auf vegetative und endokrine Funktionen (Steuerung von Drüsen und hormonellen Regelkreisen sowie Körperfunktionen wie Blutdruck, Atmung, Puls, Nahrungsaufnahme, Verdauung, Fortpflanzung, etc.). So beeinflussen Gerüche unbewusst auch die Stressreaktion. Die bewusste Wahrnehmung von Gerüchen erfolgt durch eine Bahn, die von den Riechkolben über das Tuberculum olfactorium zum Thalamus (Nucleus dorsalis medialis) und von dort zum orbitofrontalen Cortex (direkt hinter den Augen) zieht. Der orbitofrontale Cortex ist, wie wir später noch sehen werden, u. a. entscheidend an der Steuerung von Sozialverhalten beteiligt sowie an Entscheidungsfindungsprozessen in Verbindung mit erwarteter Belohnung oder Bestrafung.

## Unbewusstes Riechen

Eine weitere Bahn führt von den Riechkolben zu den Amygdalae (Mandelkernen). Geruchsinformation, die von den Riechzellen in der Nasenschleimhaut aufgenommen wird, erreicht die Amygdalae über nur zwei Synapsen. Es handelt sich also um eine ungewöhnlich direkte und unmittelbare Verbindung zwischen einem Sinnessystem und dem limbischen System. Von den Amygdalae wird die Information an den Hypothalamus (das Innenministerium des Körpers) weitergeleitet und beeinflusst so vegetative und endokrine Prozesse, u. a. auch die Stressreaktion. Die Verarbeitung von Geruchsinformationen unter Umgehung des Bewusstseins kann autonome Reflexe wie Brechreiz und Speichelfluss auslösen und erheblichen Einfluss auf das Verhalten ausüben. Besonders betroffen sind Verhaltensweisen im Zusammenhang mit Nahrungsaufnahme und Fortpflanzung (Partnersuche, Sexualverhalten, Aufzucht).

## Die Macht der Pheromone

Pheromone sind Duftstoffe, die der innerartlichen Kommunikation dienen. Sie haben einen großen Einfluss auf die Fortpflanzung und die Beziehung zwischen Eltern und Nachwuchs.

Die Rezeptoren für Pheromone liegen im sogenannten vomeronasalen Organ (VNO). Es liegt im vorderen Bereich auf beiden Seiten der Nasenscheidewand und steht über einen Gang (Ductus incisivus) in Verbindung mit der Nasen- und der Mundhöhle. Das VNO des Hundes ist im Vergleich zu anderen Säugetieren unvollständig ausgebildet und regressiert. Wir müssen daher davon ausgehen, dass Pheromone für Hunde eine weniger bedeutende Rolle spielen als beispielsweise für Nagetiere. Der Grund dafür wird in der Domestikation vermutet. Je domestizierter eine Tierart, desto unbedeutender scheint die Kommunikation über Pheromone zu sein. Beim Menschen ist das VNO nur noch rudimentär angelegt und bildet sich noch während der Embryogenese im Mutterleib zurück. Es wird immer wieder intensiv in Fachkreisen diskutiert, inwiefern beim Menschen Pheromone überhaupt eine Rolle in der Kommunikation spielen und wie groß ihr Einfluss ist.

Die Aktionspotentiale der Pheromonrezeptorzellen werden über den Bulbus olfactorius accessorius weitergeleitet, der parallel zum Riechkolben (Bulbus olfactorius) verläuft. Von dort gelangen die Signale in die Amygdala und darüber hinaus in weitere Kerngebiete des limbischen Systems und zum Hypothalamus (Innenministerium: Steuerung von Körperfunktionen, Einfluss auf Fortpflanzung und Bindung).

Produziert werden die Pheromone überwiegend von sogenannten apokrinen Schweißdrüsen. Sie liegen insbesondere in Hautgebieten der Zitzen-, Anal- und Genitalregion, beim Menschen auch unter den Achseln und in geringerem Maße im Gesicht und auf der Kopfhaut. Vielleicht erklärt diese Verteilung, warum Hunde Menschen gerne u. a. im Gesicht beriechen und belecken. Auch die Stoffwechselprodukte von Sexualhormonen wirken vermutlich als Pheromone. Über diesen Weg tauschen Tiere Informationen über den eigenen Status innerhalb der Hierarchie und die Fortpflanzungsbereitschaft aus. Potenzielle Fortpflanzungspartner erhalten mithilfe von Pheromonen zudem Informationen über die Kompatibilität ihrer Immunsysteme. Einige Gene (MHC-Gene), die für das Immunsystem zuständig sind, beeinflussen den Körpergeruch. Auf diesem Weg entsteht Sympathie (bzw. Antipathie) und beim Nachwuchs ein abwehrfähiges Immunsystem. Unter diesem Gesichtspunkt sollte bei der Zucht von Hunden ein potenzieller Partner nicht nur nach „objektiven" Kriterien vom Menschen ausgesucht werden, sondern von der Hündin ebenfalls bedingungslos akzeptiert werden.

Menschen können Pheromone im Unterschied zu anderen Duftstoffen nicht bewusst wahrnehmen. Dies könnte darin begründet sein, dass die neuronale Bahn, die die Information über Pheromone verarbeitet, nicht durch den Thalamus führt. Wir können daher annehmen, dass auch andere Säugetiere keine bewussten Geruchseindrücke von Pheromonen haben. Ihre Wirkung können wir nur anhand sekundärer Effekte erschließen. Obwohl angezweifelt wird, inwiefern das VNO bei Menschen funktionsfähig ist, gibt es einige Belege dafür, dass auch menschliches Verhalten von Pheromonen gesteuert wird. Frauen, die geruchlose Duftstoffe aus dem Schweiß weiblicher „Spenderinnen" über zwei Monate hinweg täglich auf die Oberlippe appliziert bekamen, synchronisierten ihren Zyklus mit den Spenderinnen. Auch Säuglinge reagieren auf Pheromone. Sie bevorzugen schon im Alter von sechs Tagen den Geruch der Brust ihrer eigenen Mutter gegenüber den Brüsten von anderen stillenden Müttern. Mütter wiederum können den Geruch ihres eigenen Kindes unter dem mehrerer fremder Kinder identifizieren. Auch von anderen Säugetieren ist bekannt, dass Pheromone einen großen Einfluss auf Zyklus und Trächtigkeit ausüben. In Abwesenheit von Männchen verlangsamen sich die Zyklen weiblicher Mäuse und hören schließlich auf. Werden die Weibchen wieder mit Männchen zusammengebracht, starten die Zyklen erneut und synchronisieren sich. Weibliche Mäuse werden früher geschlechtsreif, wenn sie mit Männchen gehalten werden, und bei trächtigen Weibchen, die mit fremden paarungsbereiten Männchen zusammengebracht werden, kann es zum Abbruch der Trächtigkeit kommen. Dies geschieht jedoch nicht beim eigenen Partner. Beschädigt man das VNO, erkennen Mutterschafe ihre Neugeborenen nicht mehr. Mit intaktem VNO speichert das Mutterschaf den Geruch seines Lammes im Langzeitgedächtnis und entwickelt eine dauerhafte Bindung. Bei Katzen zeigt sich ein Zusammenhang zwischen beschädigtem VNO und aggressivem Verhalten ggü. Artgenossen.

Seine volle Funktionsfähigkeit erreicht das VNO erst kurz vor der Pubertät, was angesichts seiner funktionellen Bedeutung für Territorial-, Fortpflanzungs- und Brutpflegeverhalten (Bindung) sinnvoll erscheint. Es scheint so zu sein, dass das Erwachen der Sexualität tatsächlich eng verknüpft ist mit der Fähigkeit, potenzielle Partner „riechen zu können". Die Fähigkeit, Pheromone als Teil der innerartlichen Kommunikation wahrnehmen zu können, trägt sicherlich zum Teil auch dazu bei, dass Hunde, die sich als Welpen und Junghunde vollkommen verträglich mit Artgenossen gezeigt haben, mit Beginn der Pubertät systematisch aggressives Verhalten gegenüber bestimmten Artgenossen, z. B. des gleichen Geschlechtes, entwickeln.

# KAPITEL 4
# ABBILDUNGEN

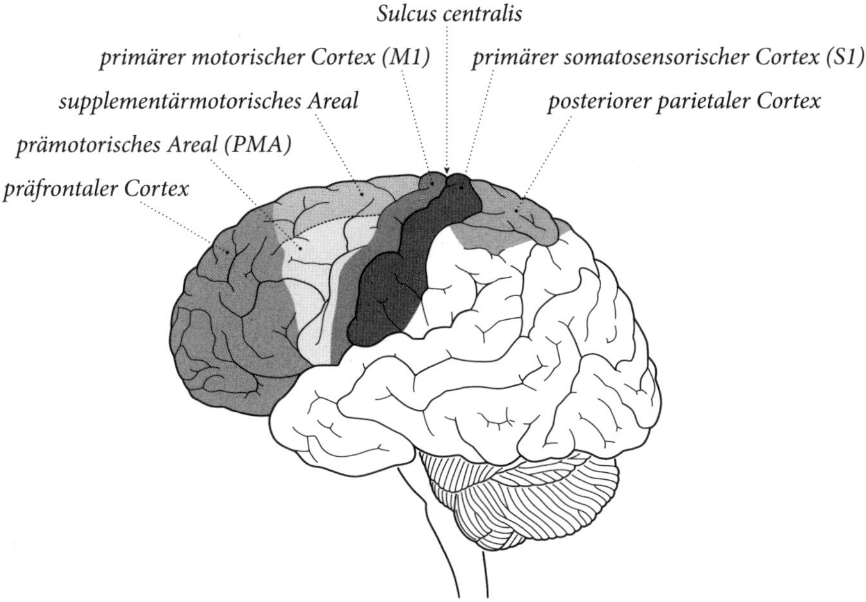


**Abb. 1: Das menschliche Gehirn von der Seite betrachtet. Hervorgehoben sind vor allem verschiedene Teile der Großhirnrinde, insbesondere des Frontalhirns.**

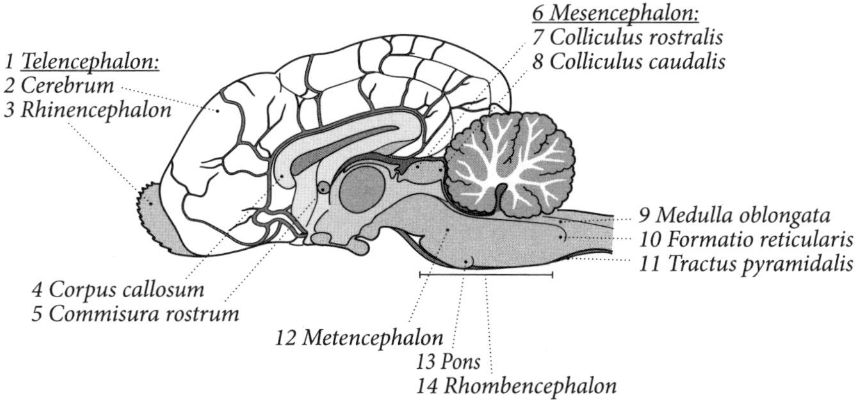


**Abb. 2: Das halbierte Hundehirn von der Seite betrachtet. Wir sehen Großhirn (Telencephalon), Mittelhirn (Mesencephalon), Hinterhirn (Metencephalon).**

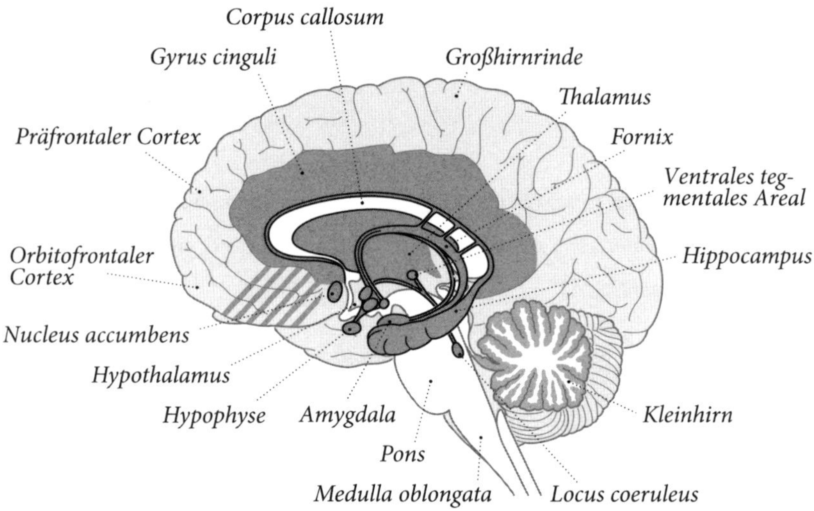


Abb. 3: Das halbierte menschliche Gehirn von der Seite betrachtet. Hervorgehoben sind Strukturen des limbischen Systems.

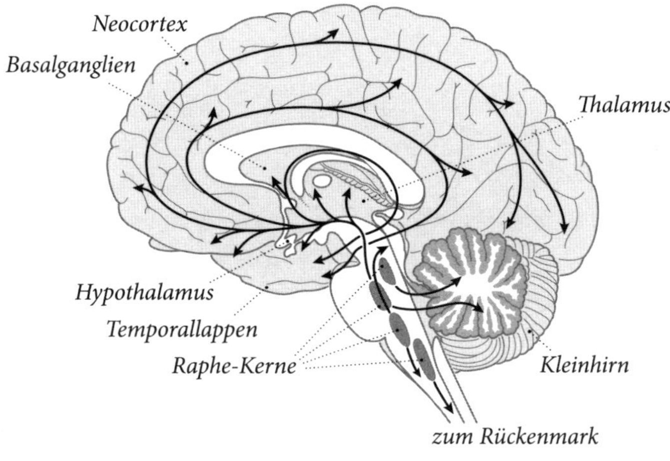


Abb. 4: Das serotonerge System mit seinen Projektionen ins Gehirn. Die Zellkörper, deren Fortsätze das Serotonin produzieren, liegen im Hirnstamm in den Raphe-Kernen.

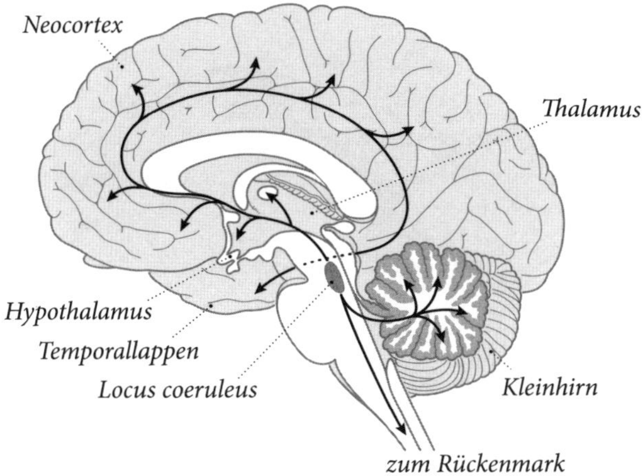


Abb. 5: Das noradrenerge System mit seinen Projektionen ins Gehirn. Die Zellkörper, deren Fortsätze das Noradrenalin produzieren, liegen im Hirnstamm im Locus coeruleus.

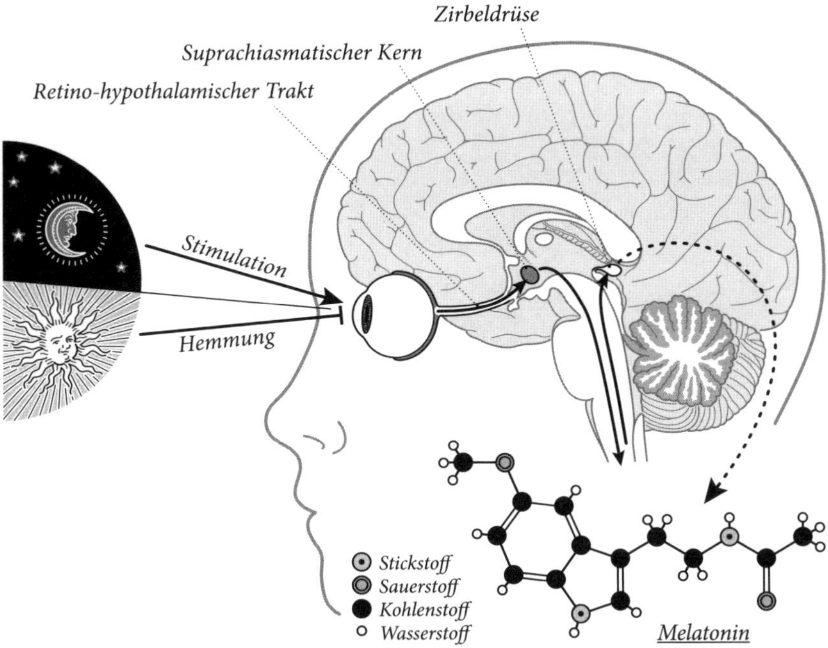


Abb. 6: Die Zirbeldrüse produziert Melantonin bei Dunkelheit. Lichteinfall hemmt die Melatoninproduktion. Der suprachiasmatische Kern ist die biologische innere Uhr.

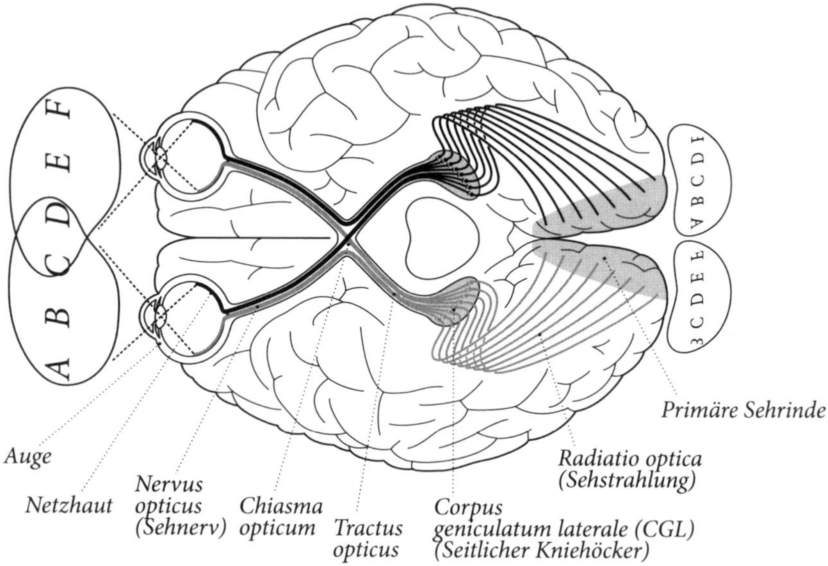


Abb. 7: Das visuelle System leitet Informationen von den Augen über den Thalamus in die primäre Sehrinde im Okzipitallappen (Hinterhauptlappen).

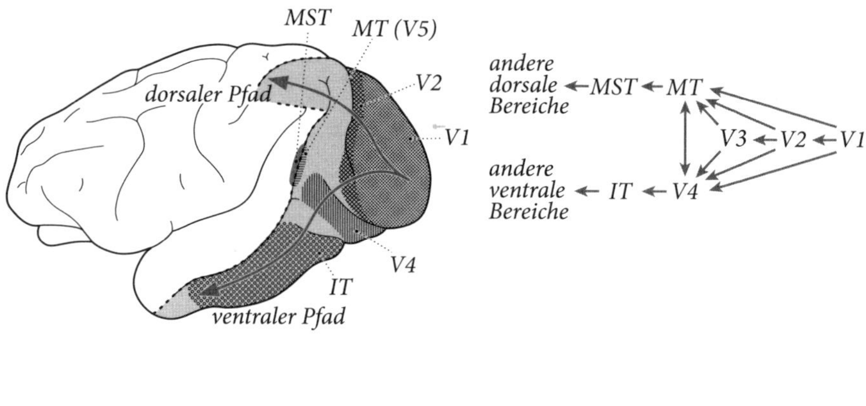


Abb. 8: An einem Makakengehirn sehen wir, wie die visuelle Informationen von der primären Sehrinde über zwei verschiedene Pfade im Gehirn weitergeleitet wird.

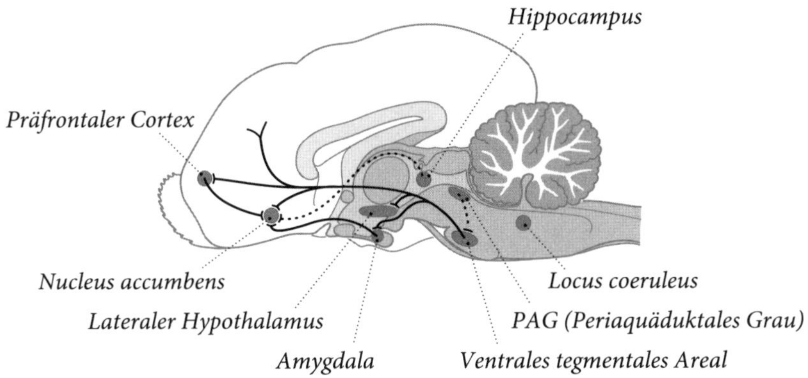


Abb. 9: Das Belohnungssystem in einem Rattenhirn mit den wichtigsten eingebundenen Hirnstrukturen.

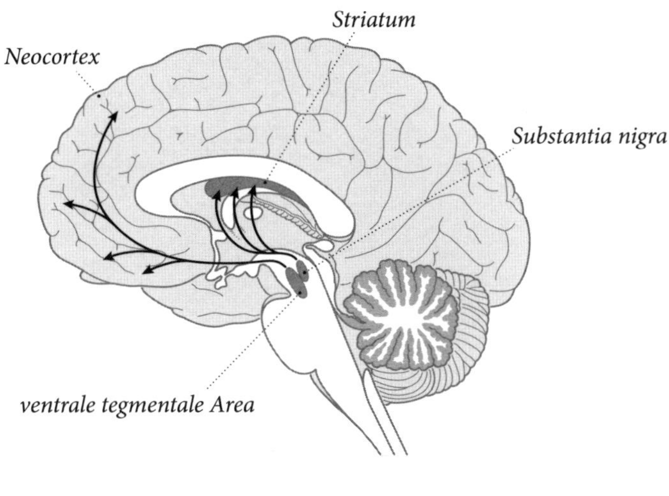


Abb. 10: Das Belohnungssystem in einem menschlichen Gehirn. Es sind dieselben Hirnstrukturen eingebunden wie bei anderen Säugetieren.

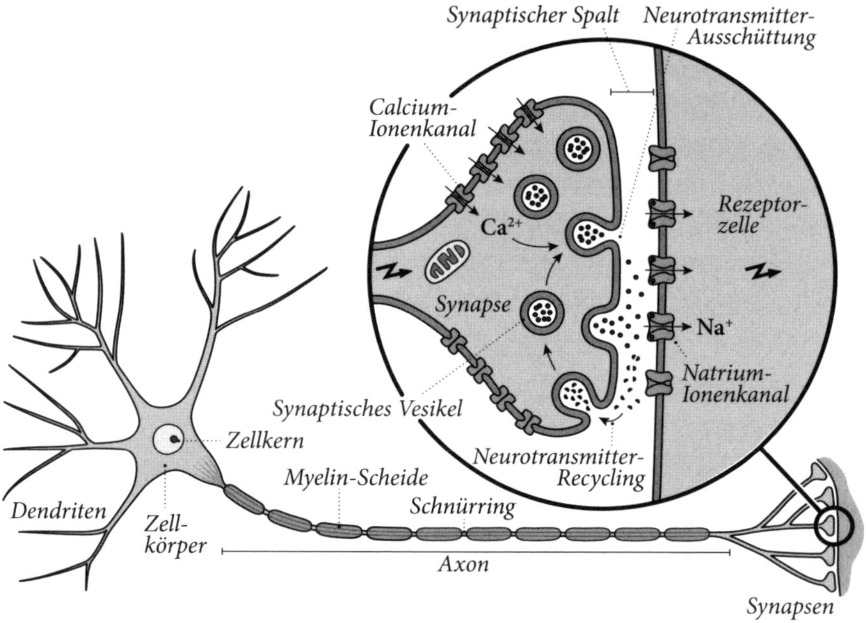


**Abb. 11: Die Nervenzelle und die Mechanismen der Signalübertragung an der Synapse.**

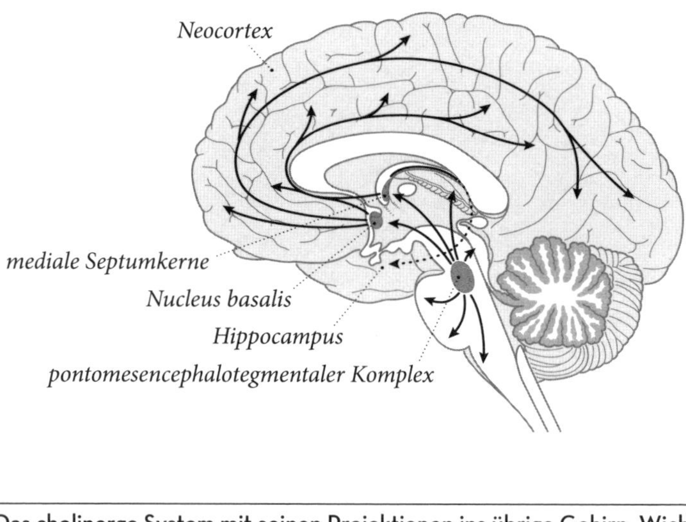


**Abb. 12: Das cholinerge System mit seinen Projektionen ins übrige Gehirn. Wichtige Kerngebiete sind der Nucleus basalis und der pontomesencephalotegmentale Komplex.**

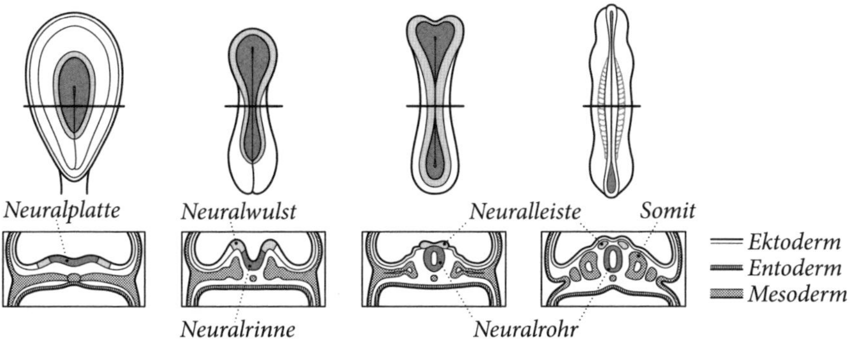


**Abb. 13: Die Entwicklung des Gehirns (Teil 1). Aus der Neuralplatte entwickelt sich zunächst das Neuralrohr.**

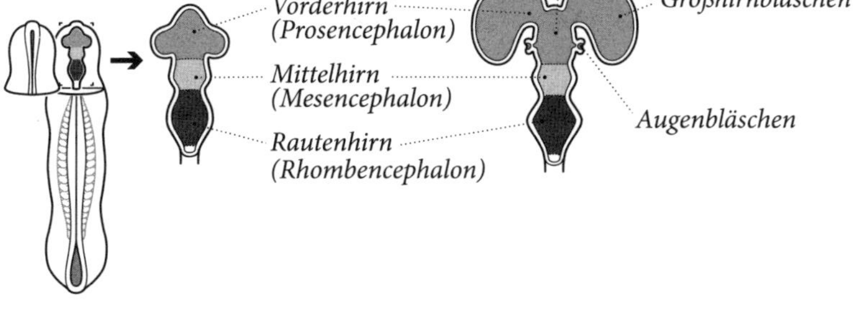


**Abb. 14: Die Entwicklung des Gehirns (Teil 2). Aus dem Neuralrohr entwickeln sich die Hirnbläschen, aus denen später die verschiedenen Hirnteile entstehen.**

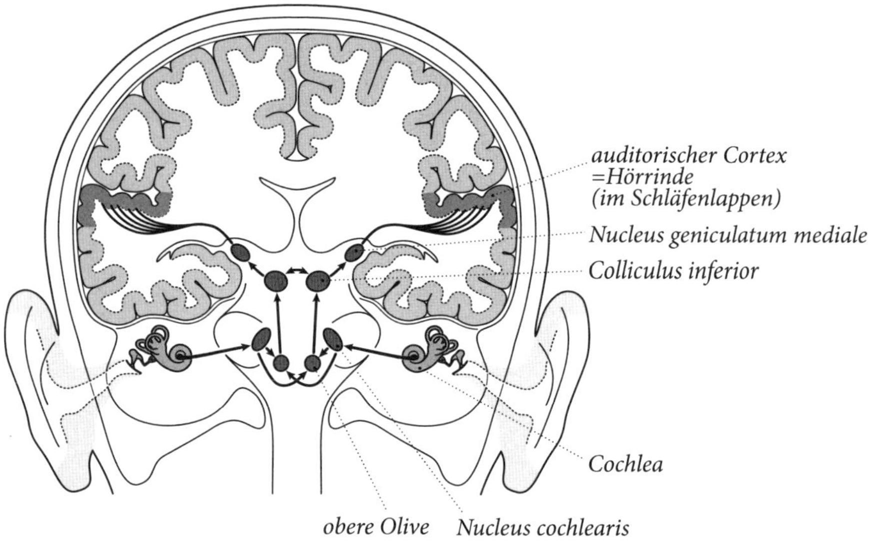


Abb. 15: Das auditorische System leitet Informationen von den Ohren über den Thalamus in die primäre Hörrinde im Temporallappen (Schläfenlappen).

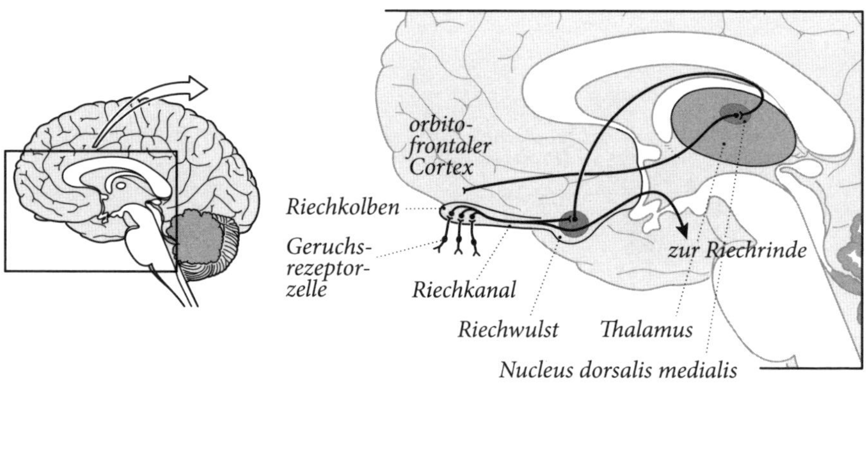


Abb. 16: Das olfaktorische System ist einzigartig verschaltet unter den Sinnessystemen. Der Thalamus wird erst spät angesteuert, um Gerüche bewusstseinsfähig zu machen.

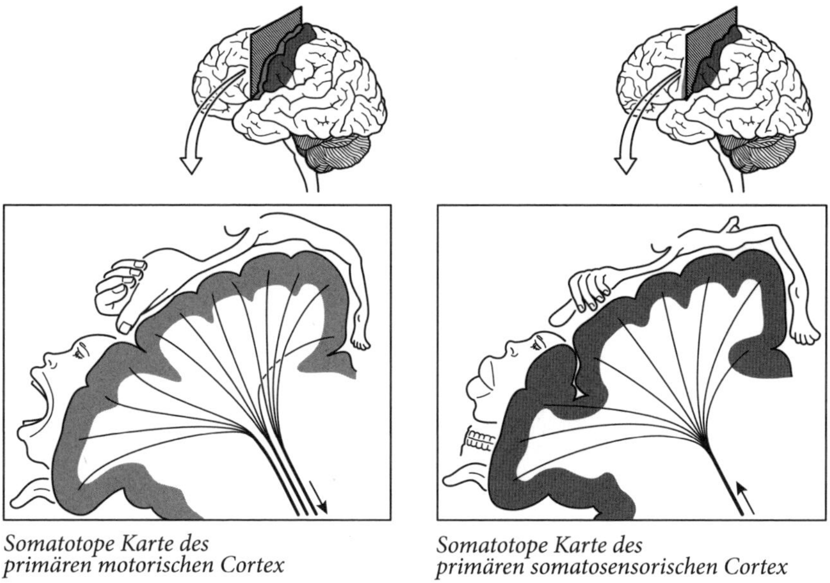


Abb. 17: Die Homunculi des motorischen und des somatischen Systems werden sichtbar, wenn man die motorische bzw. somatosensorische Rinde entlang der Schnittebene kartiert.

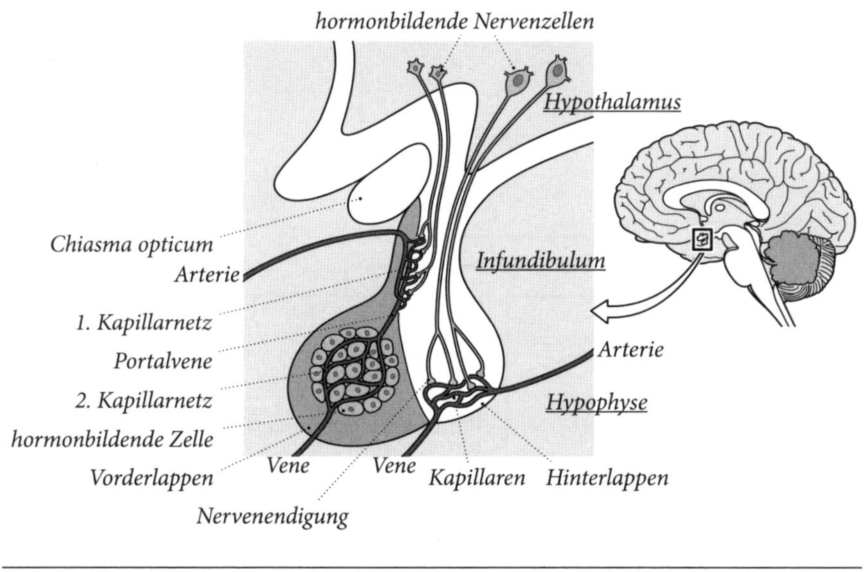


Abb. 18: Der Hypothalamus ist das Innenministerium des Körpers und steuert mithilfe von Hormonen aus der Hypophyse die lebenswichtigen Vorgänge im Körper.

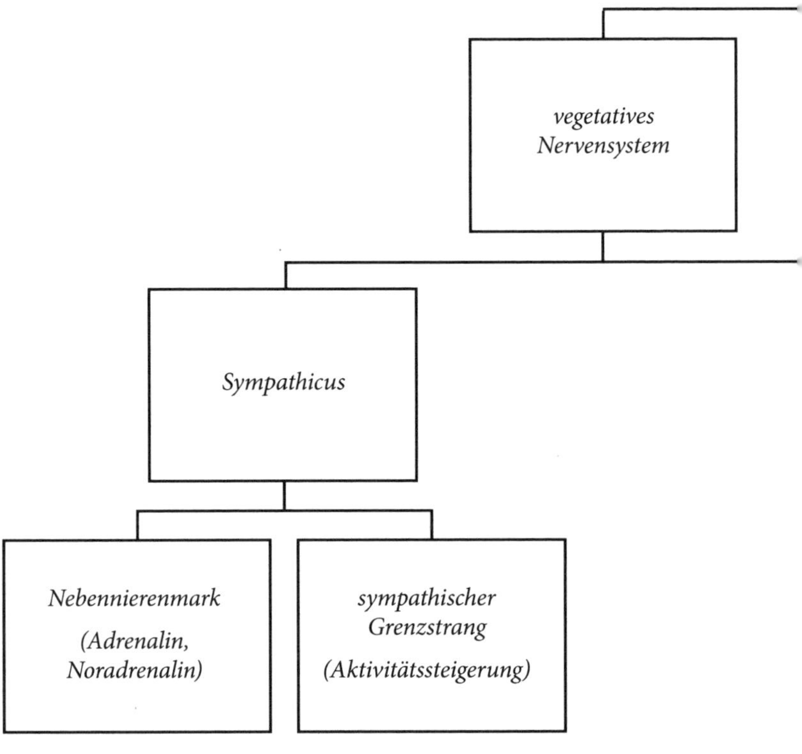


Abb. 19: An der Stressreaktion beteiligte Systeme im Überblick. Die Amygdala orchestriert die einzelnen Elemente der Stressreaktion wie eine Dirigentin.

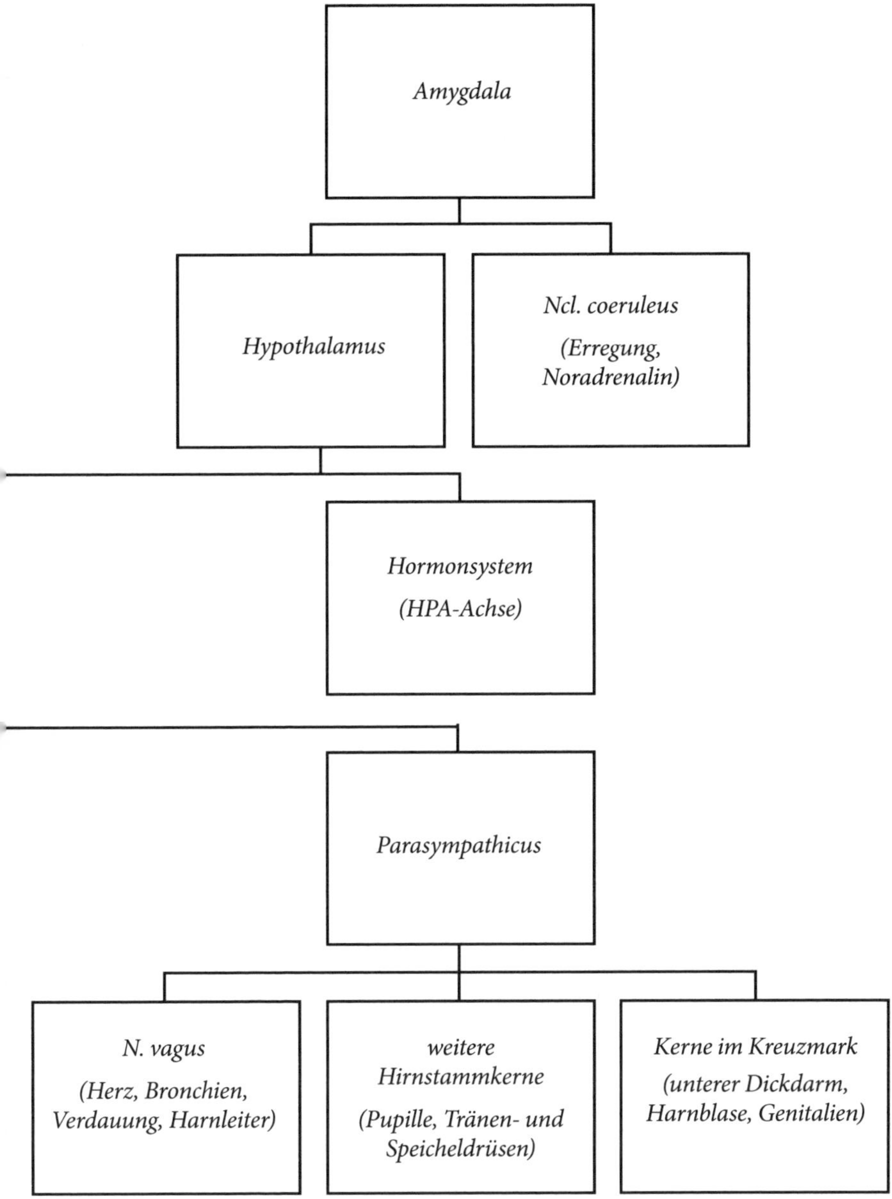
Amygdala
Hypothalamus
Ncl. coeruleus
(Erregung, Noradrenalin)
Hormonsystem
(HPA-Achse)
Parasympathicus
N. vagus
(Herz, Bronchien, Verdauung, Harnleiter)
weitere Hirnstammkerne
(Pupille, Tränen- und Speicheldrüsen)
Kerne im Kreuzmark
(unterer Dickdarm, Harnblase, Genitalien)

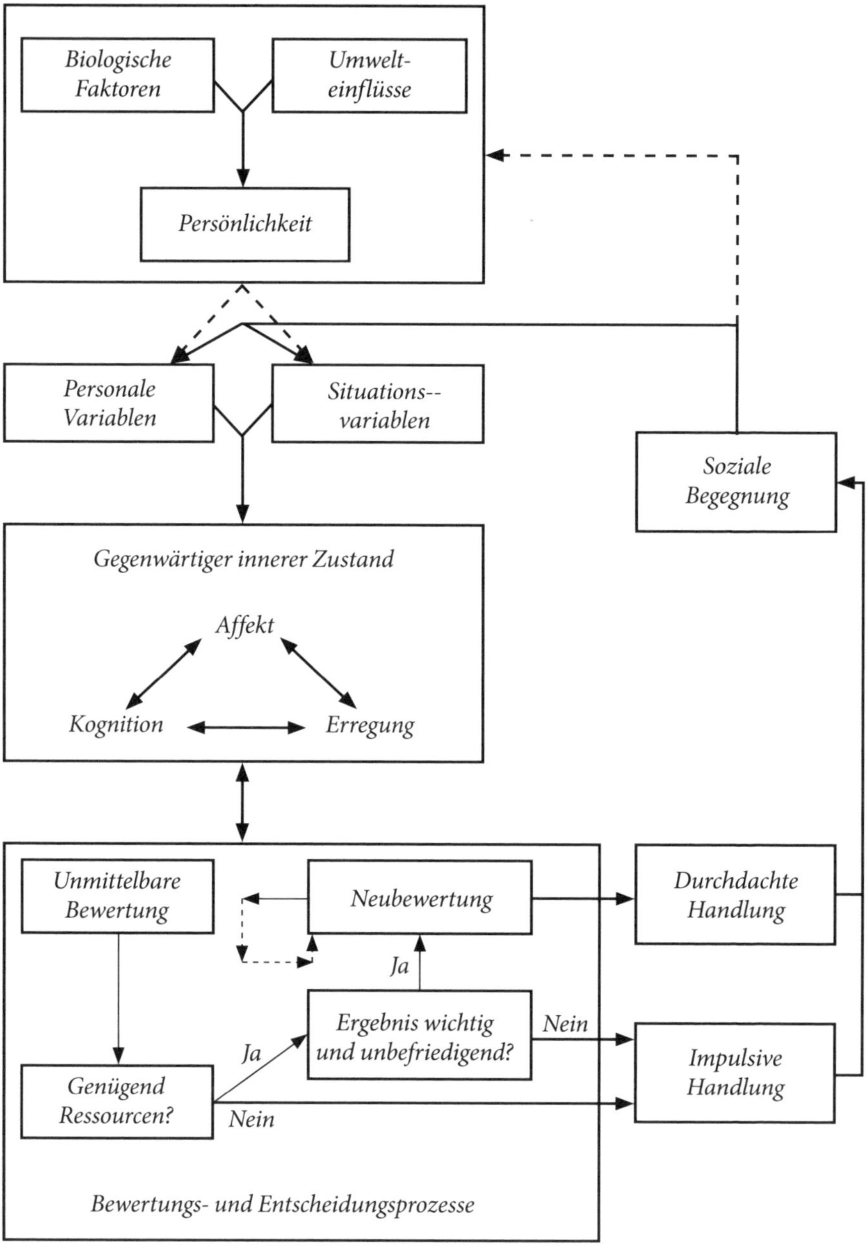


Abb. 20: Das General Aggression Model (übersetzt nach Allen & Anderson, 2017).

KAPITEL 5

# EMOTIONEN

Für Humanpsychologen und auch für uns Hundehalter haben Emotionen einen großen Stellenwert. Sie begleiten oft Verhaltensweisen, die unerwünscht, problematisch und manchmal sogar gefährlich sind. Viele Emotionen wie Wut, Angst, Trauer und Ekel werden subjektiv als negativ erlebt, insbesondere wenn das Individuum keinen Weg sieht, eine unangenehme Situation selbst zu beenden. Dann kommt oft das Empfinden von Hilflosigkeit dazu. Auf der anderen Seite provoziert die Jagd nach Emotionen wie Freude und Liebe Verhaltensweisen, die einerseits das Beste im Hund und seinem Menschen hervorbringen, andererseits jedoch auch zu waghalsigen Risiken mit fatalen Folgen verleiten können. Da Emotionen und Verhalten in so engem Zusammenhang stehen, hat sich zunächst die Philosophie und später die Psychologie intensiv mit ihnen beschäftigt. Die systematische, wissenschaftliche Untersuchung von Emotionen begann erst im 19. Jahrhundert. Charles Darwin, der 1858 die Evolutionstheorie veröffentlicht hatte, präsentierte der Welt im Jahr 1872 in seinem Buch „The Expression of the Emotions in Man and Animal" die revolutionäre Idee, dass der Emotionsausdruck des Menschen evolutionär entstanden sei. Er wandte damit seine Evolutionstheorie auf die Biologie des Verhaltens an und unterstellte nicht nur erneut, dass Mensch und Tier aus gemeinsamen Vorfahren hervorgegangen seien, sondern zeigte auch die Parallelen der Emotionen des Menschen mit denen verschiedener Tierarten auf. Er behauptete, dass der Ausdruck bestimmter Emotionen angeboren und beim Menschen kulturübergreifend zu finden sei, und ging sogar noch darüber hinaus, indem er annahm, dass diese Ausdrucksbewegungen auch bei Säugetieren mit entsprechenden subjektiven Gefühlen (z. B. Verlegenheit, Trauer, Zorn, Überraschung) einhergingen. Zu seiner Zeit wurde Darwins Idee tierischer Emotionen heftig diskutiert und geriet dann viele Jahrzehnte in Vergessenheit. Sie passte einfach nicht in eine Zeit, in der der Mensch als Krone der „Schöpfung" galt. Die menschliche Psyche mit ihren Emotionen und Gedanken erschien seinen Zeitgenossen als Merkmal, welches den Menschen gerade von Tieren unterschied. Darwins Theorien wurden als unwissenschaftlich abgetan. Obwohl Darwin im 19. Jahrhundert bereits richtig vermutete, dass Emotionen durch physikalische Veränderungen in Nervenzellen entstehen, haben Menschen sogar heute im 21. Jahrhundert noch manchmal Schwierigkeiten, sich vorzustellen, dass Emotionen Ausdruck einer komplexen Wechselwirkung von elektrischer Aktivität und chemischen Reaktionen auf der Ebene der Nervenzellen sind und damit ihre Grundlage in der Welt der Physik und Biologie haben und deren Gesetzen unterliegen.

Nachdem Darwins Buch über den emotionalen Ausdruck bei Tieren und Menschen in Vergessenheit geraten war, wandte sich die Psychologie in Bezug auf die Emotionsforschung anderen Paradigmen zu. Der vom Psychologen Watson zu Beginn des 20. Jahrhunderts begründete Behaviorismus führte Verhalten ausschließlich auf Reiz-Reaktions-Ketten und damit auf Erfahrung und Lernvorgänge zurück. Ihm schienen genetische Einflüsse auf komplexe Vorgänge wie Emotionen ausgeschlossen und jahrzehntelang wurden Psychologie und Verhaltensbiologie vom Behaviorismus dominiert. Man ging davon aus, dass das Ausdrucksverhalten, welches Emotionen begleitet, vollständig erlernt sei, und Emotionen erst durch Lernvorgänge mit bestimmten Reizen verknüpft werden. Erst in den 60er Jahren erschien Darwins Theorie vom angeborenen Emotionsausdruck wieder auf der Bildfläche, u. a. durch den Einfluss von Ethologen wie Tinbergen und Lorenz. Im Jahr 1984 veröffentlichte der Biologe Eibl-Eibesfeldt das Buch „Die Biologie des menschlichen Verhaltens“ und unterstrich Darwins Theorien mit seinen eigenen Forschungsergebnissen. Seit den 60er Jahren hatte Eibl-Eibesfeldt das emotionale Ausdrucksverhalten kulturübergreifend untersucht und festgestellt, dass der Ausdruck bestimmter Grundemotionen angeboren ist. Emotionen wie Wut, Trauer, Erstaunen, Freude und Verlegenheit wurden weltweit von den Angehörigen verschiedener Kulturen, selbst von weitgehend isolierten Volksstämmen, übereinstimmend erkannt. Auch blind geborene Menschen, die niemals einen Gesichtsausdruck gesehen haben, zeigen die passende Mimik. Wie Darwin ging auch Eibl-Eibesfeldt davon aus, dass sich Erkenntnisse aus der Verhaltensforschung an Tieren teilweise auf den Menschen übertragen lassen und umgekehrt. Auch heute noch wird er dafür kritisiert. Doch es mehren sich die Belege aus Verhaltensgenetik, Kognitionspsychologie, Neurobiologie und anderen Forschungsfeldern, die darauf hinweisen, dass es nicht die Emotionen sind, die Tiere und Menschen unterscheiden.

Durch dieses umstrittene Feld müssen wir uns nun vorsichtig einen Weg bahnen, um die Emotionen von Hunden und ihre neurobiologischen Grundlagen zu verstehen. Wir beginnen am besten mit der Frage, was wir unter dem Begriff „Emotion“ überhaupt verstehen.

**Emotionen sind durch drei Elemente gekennzeichnet:**

1. einen bestimmten Funktionszustand des Gehirns,
2. Vorgänge auf der körperlichen Ebene,
3. ein subjektives Erleben.

Die Punkte (1) und (2) können wir leicht an Versuchstieren erforschen. Der dritte Punkt entzieht sich auch in der humanpsychologischen Forschung der direkten Beobachtung. Wir sind darauf angewiesen, dass Versuchspersonen ihre Gefühle bewusst wahrnehmen (abhängig von der Fähigkeit zur Introspektion), die richtigen Worte dafür kennen (abhängig von der Sozialisation) und wahrheitsgemäß Auskunft geben (abhängig von der Situation). Wir können bewusstes emotionales Erleben also auch beim Menschen nicht objektiv „messen", sondern nur indirekt aus seinen Äußerungen und seinem Verhalten erschließen. Lediglich von uns selbst wissen wir mit Sicherheit, ob wir in einer bestimmten Situation auch subjektiv „Wut" oder „Angst" empfinden.

Auf der Ebene der körperlichen Vorgänge finden wir typische vegetative Reaktionsmuster, die jedoch relativ unspezifisch für bestimmte Emotionen sind. Aus den psychophysiologischen Reaktionen (Herzrasen, Blutdruckanstieg, Schwitzen, Muskeltonus, Pupillenveränderung, etc.) kann nicht eindeutig auf das subjektiv erlebte Gefühl geschlossen werden, da viele Gefühle ähnliche vegetative Reaktionen auslösen, die beispielsweise für die Vorbereitung auf Flucht-, Kampf- oder Fortpflanzungsverhalten notwendig sind. Die Reaktionsmuster umfassen neben den physiologischen und biochemischen Prozessen auch das Ausdrucksverhalten, d. h. Muskelbewegungen, die wir als Gestik und Mimik deuten. Zuletzt gehören auch komplexe Handlungsmuster wie beispielsweise Fluchtverhalten zu den körperlichen Reaktionsmustern. Körperliche Reaktionsmuster basieren auf teilweise evolutionär angelegten Programmen, die durch Lernprozesse überformt werden können. Das Ausdrucksverhalten von Grundemotionen wie Wut oder Angst ist in seinen Grundelementen genetisch verankert. Wie es in einer bestimmten Situation ausgestaltet ist, wird jedoch durch Situationsvariablen und kognitive Prozesse, die im Rahmen der Sozialisation erlernt werden, modifiziert.

Obwohl neuronale Prozesse zentral für die Definition von Emotionen sind, haben die Biologische Psychologie und die Neurowissenschaften sich im Vergleich zu ihren anderen Schwerpunkten wie den neurobiologischen Grundlagen des Lernens oder der Wahrnehmung erstaunlich wenig mit dem Thema Emotionen befasst. In Lehrbüchern wird den Emotionen regelmäßig nur ein kurzes Kapitel gewidmet. Ein Grund dafür mag sein, dass Emotionen die subjektive Komponente (3) beinhalten, die an das bewusste Erleben gekoppelt ist. Da Tiere nicht über ihr bewusstes Erleben von beispielsweise „Angst“ sprechen können, lässt sich dieser Prozess an Versuchstieren nicht untersuchen. Im Vergleich zu klassischen neurobiologischen Themen wie „Lernen“ oder „Wahrnehmung“ können wir also nicht so präzise die einzelnen neuronalen Verarbeitungsschritte benennen, sondern nur auf wichtige, an Emotionen beteiligte Strukturen und deren grundsätzliche Funktion deuten.

Die neurobiologischen Grundlagen des ängstlichen und aggressiven Verhaltens, die beim Menschen oft von Gefühlen der Angst und Wut begleitet werden, sind im Vergleich zu anderen Emotionen bereits recht gut erforscht. Das mag einerseits daran liegen, dass Angst und Wut für Menschen – und damit auch für Forscher – überaus bedeutsame Emotionen sind. Besonders im Zusammenhang mit psychischen Erkrankungen (Angststörungen) und gewalttätigem Verhalten sind sie psychologisch und gesellschaftlich überaus relevant. Zudem lassen sich Angst und Aggression im Labor artübergreifend durch externe Stressoren provozieren. Da das Ausdrucksverhalten, welches Angst und Wut begleitet, im Ethogramm vieler Tierarten sorgfältig beschrieben ist, können Forscher diese Emotionen bei ihren Versuchstieren gut erkennen. Das bedeutet nicht, dass andere Emotionen wie Überraschung, Ekel, Trauer oder Freude bei Tieren nicht vorkommen, wir wissen jedoch nicht so viel über ihre spezifischen neuronalen Schaltkreise.

## ANGST

Angst ist ein subjektives Gefühl, welches zunächst mit Meide- und Fluchtverhalten (Flight) assoziiert ist. Aber auch defensive aggressive Reaktionen können von Angst begleitet sein, dann oft gemischt mit Wut (Fight), was sich in sogenannten Mischausdrücken im Ethogramm des Hundes widerspiegelt. Beim Erstarren bzw. Einfrieren (Freezing) kann neben Ohnmachtsempfindungen ebenfalls Angst auftreten („starr vor Angst"). Wir sehen, dass Angst bei allen Optionen der Stressantwort subjektiv eine Rolle spielen kann.

### Ursachenforschung

Angst entsteht bei einem gesunden Hund nicht aus dem Nichts. Normalerweise braucht es zunächst einen auslösenden Reiz, einen Stressor. Wie auf potenzielle Stressoren reagiert wird, wird von der Persönlichkeit des Hundes mitbestimmt. „Ängstlichkeit" ist ein Persönlichkeitsmerkmal, welches im Vergleich mit anderen Mitgliedern der Population gemessen werden kann. Dabei finden wir eine kurvenförmige Verteilung von wenigen Individuen mit extremer Gelassenheit am einen Ende des Spektrums, über eine große Gruppe von Individuen mit mittlerer „Ängstlichkeit" bis hin zu wenigen überaus sensiblen Hunden, die schnell zu ängstlichen Reaktionen neigen. Neben Stressoren und Persönlichkeitsmerkmalen gibt es als dritten Faktor noch eine Vielzahl von körperlichen und psychischen Erkrankungen, bei denen Angst als Symptom auftritt, manchmal sogar ohne einen auslösenden Reiz.

### Stressoren als potenzielle Angstauslöser

Wenn wir nach den Auslösern von Angst suchen, denken wir zunächst an Stressoren. Diese lassen sich in interne und externe Stressoren einteilen, die von innen oder außen auf den Hund einwirken. Wenn wir über Stress nachdenken, dürfen wir nicht vereinfachend annehmen, dass jeder Stressor Angst hervorruft. Stattdessen könnte ein Stressor auch Wut auslösen oder sogar emotional unbeantwortet bleiben, wenn das Individuum in der Situation brauchbare Bewältigungsstrategien hat. Auf der anderen Seite wird auch nicht jede Angst durch einen Stressor ausgelöst. Dies gilt vor allem für Ängste, die im Rahmen von psychischen oder physischen Krankheiten auftreten (Panikstörung, Tumore, Nebenwirkungen von Medikamenten, etc.).

Zu den internen Stressoren gehören alle Reize, die aus dem Organismus selbst kommen und dem Gehirn melden, dass bestimmte Grundbedürfnisse nicht erfüllt sind. Sie werden erlebt als unangenehme Zustände wie Hunger, Durst, Hitze- und Kälteempfinden oder Erschöpfung. Auch Schmerzen und Symptome von Erkrankungen, wie Atemnot, z. B. im Rahmen einer Herzerkrankung oder aufgrund verengter Atemwege, können als interne Stressoren wirken. Eine besondere Gruppe interner Stressoren, die unter Hundehaltern oft heftig diskutiert werden, bilden unerfüllte soziale Bedürfnisse nach Zugehörigkeit, sozialer Sicherheit und Kontakt auf der einen Seite und dem Bedürfnis nach Erleben von Selbstwirksamkeit und Autonomie auf der anderen Seite. Geraten das Bedürfnis nach Verbundenheit und das Bedürfnis nach Autonomie in einen Konflikt, den der Hund aufgrund ungünstiger Bindungserfahrungen, traumatischer sozialer Lernerfahrungen oder aufgrund des Beziehungsangebotes seines aktuellen Halters nicht auflösen kann, wirkt auch dieser Konflikt selbst als Stressor.

Externe Stressoren wirken aus der Umwelt auf den Hund ein. Natürlich denken wir da zuerst an alle Reize, die als bedrohlich erlebt werden. Weiterhin gehören alle aversiven Reize dazu, wie zu intensive Gerüche, Lärm, grelles Licht und auch bestimmte Arten von unangenehmen Reizen wie das Quietschen von Fingernägeln auf einer Tafel oder ein unangenehm duftender Parfümstoff. Auch soziale Reize wie unerwünschte oder übergriffige Kontaktangebote, Mobbing oder Isolation können als aversiv erlebt werden. Die aversiven Reize müssen wir unterscheiden von Reizen, die phobisch besetzt sind und Angst auslösen, obwohl sie an sich harmlos sind. Aversive Reize sind wirklich unangenehm, d. h. ein Individuum kann sich durch fortgesetzte Exposition nicht an sie gewöhnen. Das Geräusch, das Fingernägel auf einer Tafel verursachen, bleibt für viele Menschen unangenehm, egal wie oft sie es hören. Ähnlich geht es manchen Hunden, die unter Geräuschängsten leiden. Für sie sind laute Geräusche oder bestimmte Arten von Geräuschen wirklich subjektiv sehr unangenehm. Die wiederholte Präsentation von aversiven Reizen führt eher dazu, dass das Individuum sensibilisiert wird und empfindlicher auf alle möglichen Arten von Reizen reagiert. Phobische Reize können dagegen selbst vollkommen harmlos sein, wie der Anblick oder die Berührung einer Schlange. Dennoch lösen sie in manchen Individuen Angst aus. Die Kunst besteht in der Diagnostik darin, das eine vom anderen zu unterscheiden. Dazu braucht es manchmal etwas detektivisches Geschick.

## EXKURS

An phobische Reize kann man sich durch Exposition gewöhnen, wenn sie tatsächlich als unschädlich erlebt werden. Dies wird im Rahmen einer Verhaltenstherapie zur Symptomreduktion genutzt und bedarf eines professionellen therapeutischen Vorgehens. Die Kunst besteht in der Therapie vor allem darin, den Patienten in eine Situation zu bringen, in der es ihm psychisch *möglich* ist, die Flucht vor dem vermeintlich gefährlichen Reiz einzustellen, sich mit dem Reiz zu beschäftigen und sich von seiner Harmlosigkeit selbst zu überzeugen, sodass seine Angst in der Folge nachlassen wird.

---

Weitere externe Stressoren können aus Reizüberflutung und Reizdeprivation entstehen, also daraus, dass zu viele oder zu wenige Reize auf das Individuum treffen, wobei jeder Hund seinen eigenen Wohlfühlbereich hat, der eng mit seiner Persönlichkeitsstruktur und eventuellen Vorerfahrungen zusammenhängt.

Neben spezifischen Umweltreizen können auch jegliche Formen von Veränderungen in den Lebensumständen Stress auslösen. Neben plötzlichen und unvorhersehbaren Veränderungen wie Unfällen beschreibt die Entwicklungspsychologie sogenannte „kritische Lebensereignisse“. Das sind Veränderungen im Leben, die fast jedes Individuum einer Population erlebt. Beim Hund sind dies z. B. der Umzug in das neue Zuhause im Alter von ca. acht Wochen, der erste Besuch beim Tierarzt, ggf. der erste Besuch in der Hundeschule, die Aufnahme neuer Mitglieder in die Familie (durch Geburt eines Kindes, neue Partner des Halters oder den Einzug weiterer Hunde oder pflegebedürftiger Angehöriger), Trennungen von Mitgliedern der Familie (durch Auszug von Kindern, Trennungen bzw. Scheidungen, Tod von Familienmitgliedern), Umzüge, Prüfungen im Rahmen von Ausbildungen oder Wettbewerben sowie Krankheiten und Operationen wie eine Kastration. Aus der klinischen Psychologie und der Entwicklungspsychologie wissen wir, dass all diese Ereignisse beim Menschen akuten und chronischen Stress auslösen können, der einen Risikofaktor für die Entwicklung von Anpassungsstörungen und psychischen Erkrankungen darstellt. Daher ist es sinnvoll, in der Analyse möglicher Stressoren auch nach Veränderungen und potenziell traumatischen Ereignissen zu fragen, selbst wenn sie dem Halter unwichtig erscheinen oder schon Wochen vor der Entwicklung erster Angstsymptome stattfanden. Häufig dauert es einige Wochen, manchmal sogar Monate, bis sich nach einem Vorfall oder einer Veränderung Angstsymptome entwickeln.

### Ängstliche Persönlichkeiten

Neben den Stressoren spielt die Persönlichkeit des Hundes eine wichtige Rolle bei der Verarbeitung von Stressoren. Persönlichkeit ist das, was uns individuell, aber berechenbar macht. Oder wie es Asendorpf in seinem Lehrbuch „Persönlichkeitspsychologie für Bachelor" im Jahr 2015 wissenschaftlicher ausgedrückt hat: „Persönlichkeit ist die nicht-pathologische Individualität in körperlicher Erscheinung, Verhalten und Erleben im Vergleich zu einer Referenzpopulation gleichen Alters und gleicher Kultur." Es geht also darum, seinen individuellen Weg zu finden, sich mit der Umwelt auseinanderzusetzen. Diese Anpassungsprozesse in Verhalten und Erleben basieren auf den neurologischen Strukturen des individuellen Gehirns und jene neurologischen Strukturen entstehen – wie wir in Kapitel 1 gesehen haben – aus der Interaktion von genetischen Anlagen und Umwelt. Die Gene bestimmen darüber, wie Hirnstrukturen gebaut sind und wie gut die beteiligten Neurotransmittersysteme funktionieren und interagieren. Die Umwelt verändert die Vernetzung dieser Hirnstrukturen und stimuliert Lernprozesse in den neuronalen Netzwerken, die ihre funktionelle Organisation so anpassen, dass sie neues Erleben und Verhalten hervorbringen. Lernerfahrungen und genetische Anlagen tragen also gleichermaßen zur Entwicklung von Persönlichkeitsmerkmalen wie Ängstlichkeit oder Reizbarkeit bei. Beide Merkmale gehören zum übergeordneten Faktor „Neurotizismus". Je höher der Faktor Neurotizismus ausgeprägt ist, desto eher neigt ein Hund zum Erleben von negativen Emotionen wie Ängsten. Hunde mit niedrigen Neurotizismuswerten sind dagegen stabiler und psychisch ausgeglichener. Man könnte vereinfacht sagen, dass der Wert für Neurotizismus die Größe des Toleranzfensters für Stress beschreibt. Die Forschung und in der Praxis die Rassehundezucht zeigen uns, dass von allen Persönlichkeitsfaktoren besonders der Faktor Neurotizismus von genetischen Einflüssen modifiziert wird, sodass es zum Teil auch Aufgabe der Züchter ist, durch die Auswahl geeigneter Elterntiere dazu beizutragen, dass die Welpen stabil genug für die Umwelt sind, in der sie später leben und ggf. arbeiten sollen.

### Psychische und körperliche Erkrankungen

Ängste können auch als Symptom im Rahmen körperlicher und psychischer Erkrankungen auftreten. Bei manchen Erkrankungen braucht es nicht einmal einen Auslöser, damit das Individuum Angstanfälle oder chronische „Ängstlichkeit" erlebt. Andere Erkrankungen wirken sich indirekter aus, indem sie die Anfälligkeit für Stress erhöhen oder die Selbstregulation behindern.

Auf der körperlichen Ebene müssen wir zunächst alle Erkrankungen berücksichtigen, die Hirnstrukturen schädigen, die an der Regulation von Emotionen beteiligt sind. Dazu gehören u. a. Tumore, Schädel-Hirn-Traumata, Blutungen, Schlaganfälle und entzündliche Erkrankungen des Gehirns, Funktionsstörungen wie Epilepsien sowie Vergiftungen (z. B. durch Schwermetalle oder Pflanzen mit psychoaktiven Inhaltsstoffen). Daneben gibt es Erkrankungen, die die

Regulation von Hormonen beeinträchtigen, die an der Stressreaktion beteiligt sind, wie Schilddrüsenerkrankungen und Erkrankungen der Nebennieren (Adrenalin, Noradrenalin, Cortisol). Da auch Geschlechtshormone einen starken Einfluss auf die Stressregulation und damit auf Gefühle wie Ängstlichkeit und Reizbarkeit haben, müssen wir auch an Erkrankungen oder Entfernung der Ovarien bzw. Hoden (Kastration) denken. Zuletzt soll die Gruppe der zahlreichen Krankheiten erwähnt werden, deren Symptome selbst den Patienten ängstigen, wie Schmerzanfälle, Atemnot oder Schwindel. Diagnostik und Behandlung körperlicher Erkrankungen, die in Zusammenhang mit Angstproblemen des Hundes stehen, gehören selbstverständlich in die Hände von Tierärzten.

Auf der Ebene der psychischen Erkrankungen gibt es ebenfalls ein breites Spektrum von Erkrankungen, bei denen Angst als Symptom auftritt. Dazu gehören u. a. die Angsterkrankungen selbst (Phobie, Panikstörung und Generalisierte Angststörung), Traumafolgestörungen wie die Posttraumatische Belastungsstörung (PTBS), Zwangsstörungen, bestimmte Formen der Depression und Demenzerkrankungen. Wie bei körperlichen Erkrankungen braucht es auch bei psychischen Erkrankungen eine sorgfältige Differentialdiagnostik, um die zugrundeliegende Erkrankung richtig zu diagnostizieren, denn nur auf der Basis einer korrekten Diagnose lässt sich eine geeignete Behandlungsstrategie wählen. Die Behandlung muss sich darüber hinaus auch daran orientieren, welche Funktion das Symptom (in diesem Fall die Angst und das Meideverhalten) für den Patienten im Rahmen der Erkrankung und seiner Lebensumstände hat. Genauso selbstverständlich, wie für die Behandlung körperlicher Erkrankungen ein Tierarzt aufgesucht werden sollte, sollte für die Behandlung psychischer Erkrankungen ein „Hundepsychotherapeut" aufgesucht werden können, der alle differentialdiagnostisch infrage kommenden psychischen Erkrankungen kennt, eine professionelle Diagnostik durchführen kann und das passende psychotherapeutische Behandlungsverfahren für diesen Hund auswählen und im besten Fall individuell angepasst selbst durchführen kann. In der Behandlung psychischer Erkrankungen beim Menschen hat sich durchgesetzt, dass es verbindliche Standards für diejenigen gibt, die psychotherapeutische Heilbehandlungen durchführen dürfen. Neben Ärzten können Psychologen – und im Falle von Kindern und Jugendlichen auch Erziehungswissenschaftler, Pädagogen und Sozialpädagogen – die Ausbildung zum Psychotherapeuten absolvieren und mit Approbation abschließen. Oft arbeiten diese Berufsgruppen bei der Diagnostik und Behandlung menschlicher Patienten zusammen, sodass nicht alle Schritte notwendigerweise in einer Hand liegen.

Von einem ähnlichen Modell sind wir bei psychisch auffälligen und verhaltensauffälligen Tieren derzeit weit entfernt, da es zum einen keinen Katalog psychischer Erkrankungen für Hunde gibt, in dem die Diagnosekriterien einzelner Erkrankungen aufgrund wissenschaftlicher Forschungsergebnisse in Anlehnung an die Klinische Humanpsychologie und Psychiatrie sorgfältig beschrieben sind. Stattdessen wird überwiegend von „Verhaltensstörungen" gesprochen und vollkommen ausgeblendet, dass (gerade bei Angsterkrankungen, aber auch bei Zwangserkrankungen oder Traumafolgestörungen) das gestörte *Erleben* von Angst die Ursache für das auffällige Verhalten (bei Phobien: Flucht und Vermeiden von an sich harmlosen Reizen) ist. Psychische Störungen sind im Unterschied zu Verhaltensstörungen definiert als „Störungen des *Erlebens und* Verhaltens", berücksichtigen also beide Dimensionen in der Diagnostik und Therapie.

Zum anderen fehlt die begleitende Psychotherapieforschung, die systematisch und wissenschaftlich untersucht, welche Behandlungsformen sich bei Hunden bei bestimmten psychischen Erkrankungen am besten eignen (Verhaltenstherapie, Körperpsychotherapie, Systemische Therapie, etc.). Die Psychiatrie und klinische Psychologie haben auf diesem Gebiet derzeit ca. 150 Jahre Forschungsvorsprung und dieser Vorsprung wächst, da die Kataloge psychischer Erkrankungen (ICD-10 und DMS-V) und die Liste anerkannter Behandlungsverfahren aufgrund von neuen Forschungsergebnissen und kulturellen Prozessen ständigen fachlich fundierten Diskussionen und Veränderungen unterliegen.

## Wie wird aus einem Reiz ein Gefühl?

Wir haben bereits in Kapitel 1 vom limbischen System gehört (s. Abb. 3, dunkelgrau unterlegte Strukturen). Die meisten Strukturen des limbischen Systems sind an zwei Aufgaben beteiligt: an emotionalen Prozessen und Gedächtnisbildung. Das Gehirn merkt sich besonders leicht Inhalte, die eine emotionale Bedeutung für das Individuum haben, daher macht es Sinn, dass die an beiden Prozessen beteiligten neuronalen Strukturen nahe beieinanderliegen und eng zusammenarbeiten. Wir werden in diesem Kapitel die Teile des limbischen Systems untersuchen, die an der Entstehung und Regulation von Angst beteiligt sind.

In Kapitel 3 haben wir die neurobiologischen Grundlagen der Wahrnehmung kennengelernt. Ein physikalischer Reiz muss zunächst auf die Sinnesorgane treffen, die ihn in eine elektrisch-chemische Signalkaskade umwandeln. Zunächst wird jeder Reiz separat verarbeitet: der Anblick einer sich windenden Schlange, das raschelnde Geräusch, mit dem sie sich durch das Laub bewegt und der Geruch eines von der Sonne gewärmten, staubigen Waldweges. Erst in den Assoziationszentren werden die Informationen zusammengeführt, sodass der Hund die Gesamtsituation erfassen und mit einer bewussten

Entscheidung reagieren kann, indem er z. B. der Schlange ausweicht. Doch wo entstehen in diesem Prozess die Emotionen? Wie wird aus einem Reiz ein Gefühl? Warum gehen Säugetiere nicht einfach sachlich und rational mit bedrohlichen Situationen um?

## Zwei Wege

Wie entsteht aus einem Reiz, der Wahrnehmung eines Schusses, die Emotion der Angst und die folgende Flucht? Vom Thalamus (Reizfilter) ausgehend, existieren zwei Verarbeitungswege. Ein erster, schneller Weg führt monosynaptisch, also nur über eine Umschaltstation, direkt vom Thalamus zur Amygdala. Noch ehe der Hund weiß, um was für einen Reiz es sich überhaupt genau handelt, werden über diesen Weg bereits reflektorische Angstreaktionen ausgelöst, z. B. das Erstarren, einfache Flucht- und Abwehrbewegungen und charakteristische vegetative Veränderungen (Anstieg von Blutdruck, Puls, Atmung, etc.). Über diesen direkten Weg findet auch die Furchtkonditionierung als klassische Konditionierung statt. Eigentlich „weiß“ die Amygdala also gar nicht genau, wovor sie sich fürchtet. Vermutlich ist es deswegen so leicht, Ängste auf ähnliche Reize zu generalisieren. Der zweite, langsame Weg führt vom Thalamus in die sensorischen Areale der Großhirnrinde und erst von dort in die Amygdala. Die Reize sind auf dieser Bahn dem Bewusstsein zugänglich und es finden Bewertungsprozesse statt, ehe die Amygdala das Ergebnis dieser Prozesse als Eingangssignale erhält. Gäbe es nur den langsamen Weg, würde niemand in Deutschland Angst vor Spinnen haben. Wir wissen, dass die heimischen Arten harmlos sind und uns nicht ernsthaft gefährlich werden können. Autos sind bei uns für viel mehr Tote verantwortlich als Spinnen und dennoch fürchten sich die wenigsten vor ihnen. Unsere rationale Bewertung einer Spinne auf unserem Kopfkissen fällt auf diesem langsamen Weg – selbst bei vielen Spinnenphobikern – ebenso neutral aus: „kein Grund zur Panik“. Gäbe es nur diesen Weg, würde niemand fliehen, das Schlafzimmer meiden oder den Staubsauger holen, stattdessen würden wir die Spinne vielleicht sanft in die Hand nehmen und nach draußen tragen. Irrationale Ängste könnten nur durch falsche Bewertungen zustande kommen, weil jemand irrtümlich denkt, von einheimischen Spinnen würde eine Gefahr ausgehen. Diese falschen Bewertungen wären jedoch leicht durch entsprechende Informationen oder positive Erfahrungen korrigierbar. Die langsame Bahn ist jedoch für die Furchtkonditionierung irrelevant. Die vom sensorischen Cortex in die Amygdala absteigenden Bahnen liefern lediglich differenzierte Informationen über Eigenschaften des Reizes. Daher nützt es auch nichts, einem Phobiker zu sagen oder ihn einmal kurz erfahren zu lassen, dass eine Situation oder ein Reiz eigentlich harmlos sei. Selbst wenn er rational davon überzeugt ist, fürchtet er sich weiterhin und erlebt seine Angst als „irrational". Die Auflösung der phobischen Angst kann nur über die Auflösung der klassischen Konditionierung stattfinden (Löschung).

Es wäre sicherlich heutzutage für Hunde und Menschen oft adaptiver, nur den langsamen Verarbeitungsweg über das Großhirn zu nutzen. Allerdings wären wir und unsere Hunde heute nicht hier, wenn es in der Evolution nur diesen langsamen Weg gegeben hätte. Ehe wir bewusst eine Situation erfasst und bewertet haben, muss das Signal auf dem langsamen Weg über etliche Schaltstationen umgeschaltet werden (s. Kapitel 3). Mit jedem Zwischenschritt vergehen wertvolle Millisekunden. Stellen wir uns unsere Vorfahren mit ihren Hunden vor einigen zehntausend Jahren im Wald vor. Es knackt im Gebüsch. Diejenigen, deren Nervensystem über den schnellen Weg jetzt eine spontane Fluchtreaktion auslöst, laufen los, ehe die anderen überhaupt bewusst erfasst haben, dass das Geräusch und der Schatten im Augenwinkel tatsächlich ein gefährliches Raubtier und kein Angehöriger der eigenen Gruppe ist, der sich einen Scherz erlaubt. Diejenigen, die schnelle Fluchtreaktionen auslösen können, laufen vielleicht öfter mal vor harmlosen Reizen davon, aber diejenigen, die langsamer reagieren, laufen hinten, wenn tatsächlich eine Gefahr droht. Wir können uns denken, wer mehr Nachkommen hinterlassen konnte, deren genetisches Erbe wir in unserem Nervensystem tragen. Tatsächlich sehen wir die Aktivität beider Bahnen oft im Alltag. Ein Hund erschrickt, springt ein paar Schritte zur Seite, erfasst währenddessen, dass der Reiz eigentlich harmlos ist, und bricht die Flucht ab.

### Die Amygdala als Sitz der Angst

Die wichtigste Struktur für die Entstehung von Angst ist die Amygdala. Entfernt man bei Versuchstieren diese Struktur, zeigen selbst Tiere, die aus der freien Wildbahn stammen und vor dem Eingriff scheu waren, deutlich weniger ängstliche Ausdrücke gegenüber Menschen und nähern sich neugierig (Zahmheit). Vorher als bedrohlich empfundene Reize provozieren kein Meideverhalten mehr. So werden z. B. Schlangen in den Mund genommen und oral untersucht. Selbst wenn das die zu erwartenden negativen Konsequenzen hat, zeigt das Versuchstier dasselbe Verhalten bei der nächsten Begegnung. Es lernt also in Abwesenheit von Angst nicht mehr aus negativen Konsequenzen. Gegenüber Artgenossen zeigen die Versuchstiere ebenfalls viel seltener ängstliches Ausdrucksverhalten und auch das Umschlagen von Angst in aggressives Verhalten wird deutlich seltener beobachtet. Weiterhin ist die Fähigkeit beeinträchtigt, emotionale Gesichtsausdrücke zu interpretieren. Dies betrifft v. a. die Emotionen Angst, Wut, Traurigkeit und Ekel. Emotionale Impulse sind offenbar nach Entfernung der Amygdala deutlich gedämpft bzw. ausgeschaltet, insbesondere Angst und Aggression. Stimuliert man die Amygdala eines gesunden Versuchstiers elektrisch mithilfe von Elektroden, löst das Angst und heftige Aggressionen aus. Menschen berichten ebenfalls, dass die elektrische Stimulation ihrer Amygdala Beunruhigung und

Angst auslöst. Funktionelle Bildgebungsverfahren (fMRT) zeigen, dass das Betrachten ängstlicher Gesichtsausdrücke eine erhöhte Aktivität der Amygdala auslöst, nicht jedoch das Betrachten von freudigen oder neutralen Gesichtern. Aus diesen Beobachtungen lässt sich schließen, dass die Amygdala bedeutsam an der Auslösung und Steuerung emotionaler Prozesse, insbesondere von Angst, beteiligt ist. Dieser Zusammenhang konnte bei verschiedenen Tierarten nachgewiesen werden (u. a. bei Luchsen, Katzen, Ratten, Kaninchen, Affen und Menschen).

Die Amygdala besteht aus mehreren kleineren Kerngebieten, die sich darin unterscheiden, von welchen Hirnstrukturen sie ihre Eingangssignale bekommen und wohin sie ihre Ausgangssignale senden.

**DIE MEDIALE KERNGRUPPE** bekommt ihre Eingangssignale von den sensorischen Arealen der Großhirnrinde und des Thalamus und insbesondere aus dem olfaktorischen System (Geruch). Ihre Ausgangssignale schickt sie zum Hypothalamus (Innenministerium des Körpers). Die mediale Kerngruppe ist auch an der Steuerung des Sexualverhaltens beteiligt und wird durch Duftstoffmoleküle beeinflusst, die von möglichen Sexualpartnern ausgehen. Über ihre Verbindung zum Hypothalamus nimmt sie Einfluss auf die vegetativen Symptome von Angst, wobei sie v. a. auf Gerüche reagiert. Wie wir in Kapitel 3 gesehen haben, werden Gerüche anders als andere Sinneseindrücke teilweise unter Umgehung des Thalamus und des Bewusstseins verarbeitet. Auf diese Weise können Angstreaktionen entstehen, die durch unbewusst bleibende Gerüche ausgelöst werden und auch die besondere Bedeutung von Gerüchen als Trigger im Rahmen von Traumafolgestörungen wird verständlich.

**DIE BASOLATERALE KERNGRUPPE** der Amygdala bekommt ihre Eingangssignale aus allen sensorischen Arealen des Cortex und des Thalamus.

Sie integriert die aus verschiedenen Sinneskanälen eintreffenden Informationen selbstständig zu einem Gesamtbild. Der Hippocampus, eine Struktur, die für die Gedächtnisbildung, aber auch für die Kontrolle der Stressreaktion zuständig ist, sendet ebenfalls Signale an die basolaterale Kerngruppe. Ihre Ausgangssignale fließen zurück zu Kerngebieten im Thalamus, die in enger Kommunikation mit weiteren Hirnarealen stehen, die für den Schlaf-Wach-Rhythmus und die circadiane Rhythmik zuständig sind. Möglicherweise tragen diese Projektionen dazu bei, dass sich sowohl die Nahrungsaufnahme als auch das Schlafverhalten bei ängstlicher Gestimmtheit verändern. Dies macht Sinn, wenn man bedenkt, dass es in einer gefährlichen, angstauslösenden Umgebung lebensbedrohlich sein kann, tief zu schlafen oder selbstvergessen zu fressen. Weitere Fasern der basolateralen Kerngruppe ziehen zum präfrontalen Cortex und tragen möglicherweise einerseits zum bewussten Erleben der Emotion „Angst" bei, andererseits zu einer intelligenten und adaptiven Entscheidungsfindung im Umgang mit der angstauslösenden Situation. Weitere Ausgangssignale fließen zum Nucleus accumbens (Belohnungssystem) und helfen dort vermutlich bei der Risikoanalyse, indem sie Rückmeldungen zu den negativen Konsequenzen einer Situation liefern. Auf diese Weise kann man lernen, die angstauslösenden Reize künftig zu meiden (im Sinne der operanten Konditionierung: bestraftes Verhalten tritt in Zukunft seltener auf). Die basolaterale Kerngruppe ist auch entscheidend an der Furchtkonditionierung beteiligt und damit auch an der Entwicklung von Phobien (klassische Konditionierung).

**DIE ZENTRALE KERNGRUPPE** erhält ihre Eingangssignale hauptsächlich von der basolateralen Kerngruppe der Amygdala selbst und sendet ihre Ausgangssignale zu Kerngebieten im Hypothalamus, im Mittelhirn, in der Brücke und im verlängerten Rückenmark. Über diesen

Weg werden vegetative Angstreaktionen wie Urinieren, Einkoten, beschleunigter Herzschlag, Blutdruckanstieg, Schwitzen, Vergrößerung der Pupillen, Hecheln, erhöhte Erregung sowie erhöhte Schreckhaftigkeit und heftigere Schreckreaktionen beeinflusst. Über die zentrale Kerngruppe werden zahlreiche vegetative und motorische Begleitprozesse von Emotionen gesteuert, wobei für jeden Aspekt eine andere Kerngruppe im Hirnstamm verantwortlich ist. Indem wir hinter die neuronalen Kulissen blicken, wird deutlich, dass das, was wir von außen bei einem Hund als einheitliche Angstreaktion im Ausdrucksverhalten sehen, auf neuronaler Ebene kein einheitlicher Prozess ist. Wie ein Instrument in einem Orchester trägt jede Kerngruppe im Hirnstamm einen kleinen Teil zu der „Sinfonie der Angst" bei. Die Amygdala fungiert als Dirigent, der die zeitlichen Abläufe koordiniert, die „Lautstärke" jedes Instruments reguliert und dafür sorgt, dass wir von außen ein einheitliches Bild sehen. Selbst der ängstliche mimische Ausdruck ist das Ergebnis der zeitlich präzise koordinierten Ansteuerung der vielen Muskelgruppen im Gesicht des Hundes, wobei der eine Teil des Gesichts über den Nervus trigeminus und der andere Teil vom Nervus facialis innerviert wird. Da der individuelle Angstausdruck so stark von verschiedenen Hirnstrukturen beeinflusst wird, ist es leicht zu verstehen, dass es individuelle Unterschiede gibt. Einige Hunde fliehen leicht, andere erstarren, manche urinieren unter sich, andere klemmen stark den Schwanz ein. Wie genau ein Hund seine Angst in einer bestimmten Situation ausdrückt, hängt also von der Verschaltung seiner Amygdala mit den nachfolgenden Kerngebieten ab. Diese wird zum einen genetisch beeinflusst und zum anderen von Lernprozessen, u. a. im Rahmen der Sozialisation, moduliert. Wenn unser Bild davon, wie Angst beim Hund aussieht, zu eng ist, übersehen wir leicht ängstliche Ausdrücke, die diesem stereotypen Bild nicht entsprechen.

Der basale Kern der Amygdala bekommt seine Eingangssignale, wie die zentrale Kerngruppe, hauptsächlich von anderen Kerngebieten der Amygdala selbst. Seine Ausgangssignale ziehen zum periaquäduktalen Grau (PAG) im Mittelhirn. Das PAG generiert Angst- und Fluchtreflexe und ist an der Schmerzunterdrückung beteiligt. Dazu werden u. a. Bahnen zum Gyrus cinguli unterbrochen, der an der emotionalen Bewertung der Schmerzen beteiligt ist. Elektrische Stimulation bestimmter Areale des PAG führt bei Versuchstieren zum Freezing (Einfrieren, Erstarren). Insofern macht auch die Unterbrechung der Schmerzleitung Sinn. Eine Antilope, die sich fallen lässt und einfriert, ehe die Löwin sie packen und töten kann, wird oftmals nur gepackt und an einen sicheren Ort gezerrt, an dem sie gefressen werden soll. Wird die Löwin nun durch eine Gruppe Hyänen abgelenkt, löst sich die Antilope aus der Starre, springt auf und kann durch Flucht doch noch entkommen. Wie wir uns vorstellen können, ist es sicherlich schmerzhaft, von Reißzähnen am Genick gepackt und durch die Savanne geschleift zu werden. Würde die Antilope jetzt Schmerzäußerungen zeigen, würde dies die Löwin vielleicht doch dazu reizen, sie auf der Stelle zu töten. Sowohl das Einfrieren als auch die Schmerzunempfindlichkeit retten der Antilope das Leben.

### Die Verarbeitung von Emotionen im Präfrontalhirn

Wie wir gesehen haben, ist auch der präfrontale Cortex (PFC, s. Abb. 1 und 3) in die emotionale Verarbeitung angstauslösender Reize eingebunden. Zahlreiche Studien, sowohl an Menschen als auch an Tieren, zeigen eine differenzierte Arbeitsteilung verschiedener präfrontaler Strukturen.

Zunächst scheinen die beiden Hirnhälften unterschiedliche Emotionen zu verarbeiten. Während der linke PFC eher für das Erleben positiver Emotionen relevant ist, wird der rechte PFC beim Erleben negativer Emotionen stärker aktiv. Schädigungen des linken PFC führen vermehrt zu depressiven Symptomen und dem Erleben negativ getönter Emotionen. Reize, die früher Freude und Vergnügen ausgelöst haben, werden nicht mehr so positiv bewertet wie früher (Freudlosigkeit, Anhedonie). Löst man in einem gesunden Menschen oder Versuchstier positive Emotionen aus, zeigt der linke PFC eine größere Aktivierung als der rechte. Bei negativen Emotionen ist dagegen der rechte PFC stärker aktiv. Bei Phobikern zeigte sich in der spezifischen phobischen Situation ebenfalls eine verstärkte Aktivierung im rechten PFC.

Man nimmt an, dass auch im PFC unterschiedliche Substrukturen für unterschiedliche Funktionen zuständig sind. Im dorsolateralen PFC (oben-seitlich gelegen) sind vermutlich die *Ziele* emotionaler Verhaltensmuster repräsentiert (Erreichen einer Belohnung, Vermeidung unangenehmer Situationen oder Reize, etc.). Die zu erwartenden emotionalen *Konsequenzen* einer Handlung werden im ventromedialen PFC (unten-innen gelegen) verarbeitet. Der orbitofrontale Cortex (OFC; ganz unten-vorne im präfrontalen Cortex gelegen, s. Abb. 3) spielt eine wichtige Rolle bei der Regulation von Emotionen. Er ist direkt mit der basolateralen Kerngruppe der Amygdala verknüpft. Hier wird die emotionale Bedeutung eines Reizes repräsentiert. Veränderungen der Bedeutung eines Reizes, z. B. hinsichtlich nachfolgender Belohnung oder Bestrafung, lösen Aktivierung im OFC aus. Diese Struktur ist daher entscheidend in den Erwerb von Phobien und die verhaltenstherapeutische Veränderung der Bewertung phobischer Reize eingebunden. Nur ein intakter OFC ist in der Lage, einen vormals neutralen Reiz nach einem negativen Erlebnis als negativen Reiz einzustufen bzw. einen vormals angstauslösenden Reiz nach der Therapie als harmlos zu bewerten. Schädigungen des OFC, z. B. durch Unfälle oder Tumore, haben weitreichende, v. a. soziale

Konsequenzen für das Individuum. Es ist danach nicht mehr in der Lage, die Konsequenzen seines Handelns für die eigene emotionale Reaktion und die seiner Sozialpartner richtig einzuschätzen. Die Patienten reagieren unzuverlässig, unberechenbar, impulsiv und rücksichtslos.

### Wie wird aus einem Gefühl eine Erinnerung?

Der Hippocampus liegt direkt hinter der Amygdala. Seine Funktion wird hauptsächlich in Zusammenhang mit der Übertragung von Informationen vom Kurz- ins Langzeitgedächtnis betrachtet, v. a. in Bezug auf kontextbezogenes Lernen und explizite Erinnerungen an emotional getönte Erlebnisse (episodisches und biographisches Gedächtnis). So fällt es Menschen und Hunden viel leichter, emotional relevante Fakten abzuspeichern, als solche, die uns kalt lassen. Wo sich in der Ferienwohnung die Schublade mit den Snacks befindet oder wie der Ort heißt, an dem wir unsere große Liebe kennengelernt haben, lässt sich leichter merken, als die Hauptstädte aller Bundesländer oder wo die Putzlappen liegen.

Forschungsergebnisse der letzten Jahre betonen jedoch verstärkt eine zweite wichtige Rolle des Hippocampus: seine Bedeutung bei emotionalen Prozessen selbst. Bei Menschen und Tieren mit stressbedingten psychischen Erkrankungen wie der Posttraumatischen Belastungsstörung (PTBS) oder bestimmten Formen der Depression finden sich verkleinerte Hippocampi. Der Hippocampus hat eine hohe Dichte an Glukokortikoidrezeptoren, d. h. er reagiert empfindlich auf das Stresshormon Cortisol. Unter starker und andauernder Stressbelastung, etwa während eines Traumas, bewirkt die gesteigerte Cortisolkonzentration an den Rezeptoren des Hippocampus eine Überstimulation der Neurone, die daraufhin absterben können. Dieser Vorgang ist irreversibel, d. h. nicht durch Therapie rückgängig zu machen. Der

Hippocampus ist an der Bildung von kontextabhängigen Angstassoziationen beteiligt. Auch die Entstehung von Gefühlen, die lediglich durch Erinnerungen an emotionale Szenen ausgelöst werden, wird durch Aktivität im Hippocampus vermittelt. Die Überstimulation des Hippocampus während eines traumatischen Ereignisses wird in Verbindung gebracht mit zwei Leitsymptomen der PTBS: zum einen mit dem Phänomen fragmentierter und dissoziierter Erinnerungen, d. h. der Unfähigkeit, sich an das Ereignis selbst oder einzelne Details oder Zeitabschnitte zu erinnern; zum anderen mit den Flashbacks, bei denen sich Erinnerungen an das Trauma dem Patienten im Wachzustand oder im Alptraum unerwünscht aufdrängen und es zu einem intensiven emotionalen Wiedererleben kommt, oft ausgelöst durch einzelne Reize oder ähnliche Situationen (Trigger).

## WUT UND AGGRESSION

Wut ist wie Angst ein subjektives Gefühl, welches zunächst mit aggressivem Verhalten (Fight) assoziiert ist. Aber auch vermeidende Reaktionen können von Wut begleitet sein, dann oft gemischt mit Angst (Flight), was sich in sogenannten Mischausdrücken im Ethogramm des Hundes widerspiegelt. Beim Erstarren bzw. Einfrieren (Freezing) kann neben Angst und Ohnmacht ebenfalls Wut empfunden werden („starr vor Wut"). Wir sehen, dass Wut, genauso wie Angst, bei allen Optionen der Stressantwort eine Rolle spielen kann.

### EXKURS

Am deutlichsten wird dies in der Arbeit mit traumatisierten Menschen und Hunden. Abhängig von der Art des Traumas sehen wir insbesondere bei sozialen Traumata, die durch andere Menschen oder Hunde verursacht wurden, einen massiven Wutaffekt. Das

Ausmaß der Wut und des aggressiven Verhaltens (Verletzungs-, manchmal sogar Tötungsabsicht), die beispielsweise durch die freundliche Annäherung eines Menschen hervorgerufen werden, erscheint dabei unangemessen in Bezug auf die aktuelle Situation und die freundliche Absicht des Gegenübers. Tatsächlich handelt es sich um ein emotionales Flashback bzw. eine klassisch konditionierte emotionale Reaktion (CER), d.h., der Patient fühlt wieder so, wie er in der traumatischen Situation gefühlt hat. Er ist jedoch nicht so hilflos wie damals und wehrt sich jetzt mit aller Kraft gegen den als Bedrohung empfundenen Reiz (Trigger). Bei vielen Patienten verbirgt sich die Wut hinter der vordergründig durch den Trigger ausgelösten Angst und Hilflosigkeit und kommt erst im Verlauf der Therapie an die Oberfläche, wenn die erlernte Hilflosigkeit überwunden wird. Daher sollte der Therapeut in der Arbeit mit traumatisierten Patienten auch immer mit heftigen aggressiven Reaktionen rechnen, sobald es zur Konfrontation mit Triggern kommt, und geeignete Schutzmaßnahmen für sich selbst, den Patienten und ggf. Dritte ergreifen.

---

Aggression ist nach einer Definition von Baron und Richardson aus dem Jahre 1994 eine Klasse von sozialen Verhaltensweisen, die mit der Absicht ausgeführt werden, ein soziales Gegenüber zu schädigen. Diese Schädigungen können physischer, psychischer oder sozialer Natur sein. Die entscheidenden Merkmale aggressiven Verhaltens sind also (1) eine Schädigung des Gegenübers und (2) die Absicht, diese Schädigung herbeizuführen.

Oft wird hinzugefügt, dass die Zielperson bestrebt sein muss, die Schädigung zu vermeiden. Damit sollen schwer zu erforschende Grenzphänomene in der Forschung ausgeschlossen werden, wie „Körperverletzungen" im Rahmen von operativen und zahnärztlichen Eingriffen, Körpermodifikationen wie Piercings, Brandings oder Tätowierungen, aggressive Handlungen im Rahmen von BDSM-Praktiken sowie „Mutproben“ oder „Aufnahmeritualen“ unter Jugendlichen und Subkulturmitgliedern, bei denen ebenfalls mehr oder weniger einvernehmliche verbale und physische Aggressionsformen eine Rolle spielen können. In solchen Situationen kann der vermeintliche „Aggressor“ heimlich eine Schädigungsabsicht verfolgen, wobei er ausnutzt, dass er durch die Einwilligung seines „Opfers“ keine Sanktionen befürchten muss. Er kann sein Verhalten jedoch auch als professionellen Eingriff sehen, als etwas, „das getan werden muss“, oder mit der Absicht handeln, jemanden zu heilen und zu schützen, statt ihn zu schädigen. Da sich die Absicht nicht wissenschaftlich objektiv feststellen lässt, werden derartige Phänomene mithilfe dieses Zusatzes oft von der Forschung ausgeschlossen.

Für Hunde bedeutet diese Definition, dass Kommentkämpfe, ähnlich wie sportliche Boxkämpfe, selbstverständlich den aggressiven Verhaltensweisen zuzurechnen sind. Zwar haben oftmals beide Kontrahenten „freiwillig“ die Auseinandersetzung gesucht, es werden während des Kampfes jedoch Meidbewegungen durchgeführt, die eine eigene Schädigung verhindern sollen, während der Gegner durch Angriffe gleichzeitig zum Aufgeben bewegt werden soll. Unfälle, bei denen durch ungeschicktes Verhalten und Aufreißen des Mauls, z. B. im Rahmen einer stürmischen Begrüßung, das Gegenüber verletzt wird, sind dagegen kein aggressives Verhalten, da die Beschädigungsabsicht fehlt. Manchmal ist es selbst für Ethologen schwer zu erkennen, welche Absicht ein Verhalten motiviert, zumal Hunde nicht dazu befragt werden können. Hier ist Spielraum für Projektionen. Menschen neigen dazu, ihre eigenen aggressiven Impulse auf Hunde zu projizieren und ihnen diese stellvertretend zu unterstellen bzw. diese stellvertretend bei ihnen zu leugnen. Da dieser Abwehrmechanismus unbewusst bleibt, ist es oft für Außenstehende schwer, falsche Annahmen durch sachliche Diskussion zu korrigieren.

Gewalt ist nach einer Definition von deWall, Anderson und Bushman aus dem Jahr 2012 definiert als Aggression, die als ultimatives Ziel hat, einem anderen ernsthaften physischen Schaden zuzufügen, z. B. in Form von Verletzungen, die medizinisch versorgt werden müssen, oder Tötung des Kontrahenten. Eine tatsächliche Verletzung muss nicht stattfinden, es genügt auch hier wieder die Absicht, mit der das Individuum handelt. Weicht der Gegner beispielsweise einem potenziell tödlichen Biss aus und überlebt durch Flucht, wird das Verhalten trotzdem als gewalttätig eingestuft. Alle Gewalthandlungen werden nach dieser Definition als aggressive Handlungen betrachtet, aber nicht alle aggressiven Handlungen sind Akte von Gewalt. In der Diskussion des Aggressionsverhaltens von Hunden wird der Gewaltbegriff nicht verwendet und nicht zwischen aggressivem und gewalttätigem Verhalten unterschieden, weder anderen Hunden noch Menschen gegenüber. Handelt es sich um aggressives Verhalten des Menschen, welches sich gegen den Hund richtet, wird dagegen durchaus zwischen aggressivem und gewalttätigem Verhalten unterschieden. Noch komplizierter wird es, wenn wir versuchen, Phänomene psychischer, emotionaler und sozialer Gewalt zu definieren. Die neurobiologische Forschung beschränkt sich auf die Betrachtung von Aggression im Sinne der oben genannten Definition, ohne den Gewaltbegriff zu verwenden.

Im Ethogramm des Hundes sind die agonistischen Verhaltensweisen als Gegenteil des kooperativen Verhaltens beschrieben. Der Bereich der Agonistik umfasst neben dem aggressiven Verhalten jedoch oft auch Vermeidungs- und Fluchtverhalten. Schädigungen, die sich auf Beutetiere beziehen, gehören aus verhaltensbiologischer Sicht ausdrücklich nicht zu den aggressiven Verhaltensweisen. Auch auf neurobiologischer Ebene finden wir verschiedene Schaltkreise für affektiv-aggressives Verhalten und Beutefangverhalten. Aggressives Verhalten umfasst Drohen, Vertreiben, Schmerzzufügung, Verletzung und ggf. Tötung eines Gegners. Oftmals liegen die Anlässe in Auseinandersetzungen um Status, Ressourcen, Fortpflanzungspartner oder Territorien. Unterscheiden müssen wir auch zwischen dem Angriff (offensiv) und der Verteidigung (defensiv). Wie von Feddersen-Petersen in ihrem Buch „Ausdrucksverhalten beim Hund" (1995) beschrieben, gehören zu den offensiven Verhaltensweisen: Annähern, Demonstrieren, Imponieren, Angriffsdrohen, Kampf (gehemmt) und Beschädigungskampf. Die defensiven Verhaltensweisen umfassen: Beschwichtigen, Submission/Flucht, Abwehrdrohen/Flucht, Kampf/Abwehren/Flucht, Abwehrkampf (ungehemmt)/Flucht. Wir sehen im defensiven Aggressionsbereich die Vermischung von aggressivem Verhalten (Wut) und Fluchtverhalten (Angst). Eine detaillierte Darstellung der einzelnen Verhaltensweisen gibt Zimen in seinem 1971 erschienenen Buch „Wölfe und Königspudel".

Neben der Einteilung in defensive und offensive Aggression kann man Aggression als reaktiv und proaktiv klassifizieren. Reaktive Aggression wird von Affekten wie Wut begleitet und ist feindselig und impulsiv auf ein Gegenüber gerichtet. Auslöser ist immer eine Form von Provokation, auf die das Individuum reagiert. Es entsteht der Eindruck, der andere hätte einen „wütend gemacht". Sie wird als „heiße" Aggression bezeichnet. Proaktive Aggression ist dagegen unemotional, überlegt, geplant und dient als Instrument, um bestimmte Ziele zu erreichen. Sie ist „kalt". Das ultimate Ziel ist nicht die Schädigung des Gegenübers, sondern beispielsweise das Erlangen von Ressourcen (Kauknochen, Sozialpartner, etc.). Die (angedrohte) Schädigung dient nur als bewährtes Mittel, um dieses Ziel zu erreichen. In der Beobachtung im Alltag ist es oft schwer, die beiden Formen genau zu unterscheiden, da wie bei defensiver und offensiver Aggression beide Formen häufig vermischt auftreten. Die offensive Aggression hat starke Überschneidungen mit der proaktiven-instrumentellen Aggression, die defensive Aggression mit der reaktiv-impulsiven. An den beiden Formen sind unterschiedliche Hirnstrukturen beteiligt. Die reaktive Aggression wird von älteren Hirnteilen gesteuert, die Erregung, Emotionen und Impulse hervorbringen (limbisches System, Hirnstamm), während die proaktive Aggression stark von präfrontalen Arealen der Großhirnrinde beeinflusst wird, die für die Handlungsplanung und die fortlaufende Überwachung von Zielen und die Konsequenzen emotional getönter Handlungen zuständig sind.

Eine besondere Rolle bei der Hemmung und Regulation impulsiver Aggression spielt, wie auch bei der Emotion „Angst“, der orbitofrontale Cortex (OFC). Schädigungen dieser Hirnstruktur führen u. a. zu asozialem, impulsivem und unberechenbarem Verhalten mit aggressiven Impulsdurchbrüchen. Der OFC wird in der Pubertät vorübergehend in seiner Funktion beeinträchtigt, sodass häufiger impulsive Aggression gezeigt wird – Teenager sind leicht zu provozieren. Mangelhafte Bindungs- und Sozialisationserfahrungen im Kindes- und Jugendalter können verhindern, dass der OFC seine volle Funktionsfähigkeit ausbildet. Die Folge sind „Auffälligkeiten im Sozialverhalten“ (Impulsivität, Aggressivität, Unsicherheit/Ängstlichkeit, mangelnde Empathie). Der OFC hat in solchen Fällen während der sensiblen Phasen nicht genügend hemmenden Einfluss auf die Hirnregionen aufbauen können, die impulsive Aggressionen hervorbringen. Nach dem Prinzip „use it or lose it“ kann man die selbstregulatorischen und sozialen Defizite dann oft auch durch ernsthafte Beziehungsangebote und Erziehungsversuche nicht mehr ganz kompensieren, sondern lediglich bis zu einem gewissen Grad verbessern und managen.

Aggression kann verlagert auftreten, was Beobachtung und Verständnis oft erschwert. Verlagerte (engl.: displaced) Aggression und getriggerte verlagerte Aggressionen treffen nicht den Verursacher des aggressiven Impulses, sondern ein unschuldiges Ersatzindividuum oder Ersatzobjekt in Reichweite. Getriggerte verlagerte Aggression entsteht, wenn sich der Stellvertreter auf eine Weise verhält, die eine normalerweise nur geringfügige Provokation darstellt, aber als Trigger für die verlagerte Aggression wirkt. Verlagerte Aggression tritt auf, wenn das eigentliche Ziel der Aggression nicht verfügbar oder physisch nicht präsent ist, wenn es aufgrund seiner Natur nicht angegriffen werden kann (aversive Reize wie Lärm, Schmerz oder Hitze) oder wenn der Aggressor potenzielle Bestrafung durch das eigentliche Ziel fürchtet. Wenn ein Hund beispielsweise das eigentliche Ziel seiner Aggression, einen anderen Hund, nicht erreichen kann, weil er selbst angeleint ist, kann es passieren, dass er die Aggression stattdessen gegen seinen Menschen oder einen anderen Hund richtet, der in Reichweite ist. Fürchtet ein Hund, dass ihm das eigentliche Ziel seiner Aggression – beispielsweise ein Mensch, der ihm Schmerzen zufügt – überlegen ist und ihn für einen Angriff bestrafen würde, könnte sich die Aggression gegen einen vermeintlich schwächeres Individuum, beispielsweise ein Kind oder einen kleineren Hund, richten – oft auch mit einer zeitlichen Verzögerung.

### Aggressionstheorien

Mit dem Aggressionsverhalten von Menschen befasst sich primär die Sozialpsychologie. Wie Angst kann auch Aggression als Symptom im Rahmen verschiedener körperlicher und psychischer Erkrankungen auftreten (mit ähnlichen Ursachen wie bei Ängsten). Mit diesen psychopathologisch bedeutsamen Aggressionen befassen sich neben der Medizin die Klinische und die Forensische Psychologie. Kriminologie und Soziologie haben das Phänomen der Aggression mit dem Schwerpunkt auf den gesellschaftlichen Rahmen- und Auslösebedingungen erforscht. Die Neurowissenschaften und die Biologische

Psychologie interessieren sich dagegen für die neurobiologischen Hintergründe der Emotion „Wut“ und des aggressiven Verhaltens sowie für die Neurobiologie der Entstehung und Bewältigung von Stress und Erregung (s. Kapitel 7).

Vor diesem Hintergrund wird deutlich, dass die Humanwissenschaften das Phänomen der Aggression deutlich intensiver und breiter erforscht haben als die Verhaltensbiologen. Betrachten wir den Menschen nun wieder als Säugetierspezies, können wir prüfen, welche Erkenntnisse aus der Forschung am Menschen sich auf Hunde übertragen lassen.

## Ältere Theorien

Viele Theorien versuchen, das Phänomen der Aggression wissenschaftlich zu erklären. Die Evolutionstheorie von Darwin fasst Aggression als Mechanismus auf, der sich durch natürliche Selektion erhalten und bewährt hat, um Konflikte innerhalb von sozialen Gruppen zu regeln, die einerseits kooperieren (Territoriumsverteidigung, Aufzucht von Nachwuchs, Beutefang), andererseits untereinander konkurrieren (um Status, Ressourcen, Fortpflanzungspartner, etc.) und sich gegenüber gruppenfremden Artgenossen abgrenzen müssen.

Freuds Ideen eines Todestriebes, dem aggressive Impulse entspringen sollen, und der Katharsis, nach der aggressive Energien sich stauen können und regelmäßig abgeführt werden müssen, wurden widerlegt. Auch Lorenz' Dampfkesselmodell, das in derselben Denktradition entstanden ist, gilt als überholt. Wir wissen inzwischen, dass Emotionen wie Wut und Angst sowie das entsprechende Vermeidungs- bzw. Kampfverhalten keinen inneren Trieben oder Bedürfnissen entspringen, die gestaut werden könnten und regelmäßig kontrolliert abgeführt bzw. befriedigt werden müssten. Vielmehr zeigt die Forschung, dass die wiederholte Konfrontation mit aggressiven Inhalten und Interaktionen das Risiko für aggressives Verhalten bedeutsam erhöht. Um das Ausmaß der Stärke dieses Zusammenhangs deutlich zu machen, können wir uns vor Augen führen, dass beim Menschen die Korrelation (der Zusammenhang) zwischen wiederholter Konfrontation mit aggressiven Interaktionen und gesteigertem aggressivem Verhalten sowie geringerem prosozialem Verhalten größer ist als der Zusammenhang zwischen Passivrauchen und Lungenkrebs.

Eine ganze Reihe von anerkannten psychologischen Theorien bemühte sich im 20. Jhd. um Erklärungen für die Entstehung von Aggressionen. Die Frustrations-Aggressions-Hypothese von Dollard geht davon aus, dass Frustration die Wahrscheinlichkeit von aggressivem Verhalten steigert. Die sozialkognitive Lerntheorie von Bandura erklärt aggressives Verhalten als Resultat von operanter Konditionierung und Lernen durch Beobachtung (Modelllernen). Als Resultat von kognitiven Informationsverarbeitungsprozessen entstehen Skripte oder Schemata (Drehbücher), die aggressive Verhaltensweisen beinhalten und auf die in uneindeutigen sozialen Situationen schneller zugegriffen werden kann. Die Theorie aggressiver Hinweisreize von Berkowitz verweist auf die Wirkung von aggressiven Hinweisreizen, die die Wahrscheinlichkeit für das Auftreten von aggressivem Verhalten beeinflussen. Das können u. a. bestimmte Orte (Kneipe, Hundewiese), Objekte (Pistole, Stock) oder Individuen (Polizist, Schäferhund) sein. In Gegenwart aggressiver Hinweisreize sind aggressive Kognitionen leichter verfügbar und die Hemmschwelle für aggressives Verhalten sinkt – es erscheint „angemessener“. Daneben gibt es noch weitere Theorien, die jedoch alle gemeinsam haben, dass sie jeweils nur Teilaspekte aggressiven Verhaltens erklären und somit generell zu eng gefasst sind, um Aggression vollständig zu erklären.

### Das General Aggression Model (GAM)

Daher stellten Anderson und Bushman im Jahr 2002 ihr „General Aggression Model“ (GAM) vor, ein allgemeines Modell der Aggression. Es wurde 2011 in Zusammenarbeit mit deWall und 2017 in Zusammenarbeit mit Allen erweitert. Zunächst wurde die Entwicklung der Persönlichkeit aus dem Zusammenspiel biologischer und Umweltfaktoren in das Modell integriert und später die Bewertungsprozesse genauer beleuchtet. Dieses integrative Modell fügt die Annahmen verschiedener Theorien zusammen und stellt sie in Beziehung zueinander. Das Modell betrachtet Aggression aus einer bio-sozial-kognitiv-entwicklungspsychologischen Perspektive, d. h. es bezieht sowohl biologische Faktoren als auch soziale und kognitive Verarbeitungsprozesse in potenziell aggressiven Situationen sowie Entwicklungs- und Sozialisationsprozesse mit ein. Es umfasst und integriert die wichtigsten Aspekte anderer anerkannter Aggressionsmodelle und liefert Erklärungen für aggressives Verhalten.

Das GAM schlägt vier Dimensionen vor, um Aggressionen zu unterscheiden und die verschiedenen, oben benannten Klassifizierungen zu vereinen:

1. Wie viel feinseliger und agitierter Affekt ist präsent?
2. Wie stark sind das aggressive Verhalten sowie die vorausgehenden und begleitenden Kognitionen und Emotionen automatisiert?
3. In welchem Ausmaß besteht das ultimative Ziel des Aggressors darin, vom Ergebnis der Auseinandersetzung zu profitieren versus dem Gegenüber Schaden zuzufügen?
4. Wie stark berücksichtigt der Aggressor die Konsequenzen seines Verhaltens?

Da es sich um Dimensionen handelt, die wie ein Lautstärkeregler verschiebbar sind, lässt sich aggressives Verhalten anhand dieser Dimensionen praxisnäher beschreiben.

Das GAM wurde u. a. explizit mit dem Ziel entwickelt, Erziehern und Psychotherapeuten ein Werkzeug zu geben, mit dem sie aggressives Verhalten und die zugrundeliegenden Faktoren genauer beschreiben und gezielter beeinflussen können. Als solches lässt es sich auch in der Hundeerziehung einsetzen.

Betrachtet wird jeweils nur eine einzelne Episode aggressiver Interaktion. Jede Episode wird in drei Phasen unterteilt: Input, Verarbeitungsrouten und Ergebnis. In der Inputphase wird der Einfluss personaler und situativer Variablen berücksichtigt. Die zweite Phase konzentriert sich darauf, wie die Inputvariablen den Affekt, die Kognitionen und die Erregung des Individuums beeinflussen und damit den gegenwärtigen inneren Zustand des Individuums. Die Ergebnisphase beschreibt, wie der gegenwärtige innere Zustand die Bewertungs- und Entscheidungsprozesse beeinflusst und entweder zu einer impulsiven (heißen) oder durchdachten (kalten) aggressiven Handlung führt – oder alternativ zu einer impulsiven oder durchdachten nicht-aggressiven Handlung. Die Handlung beeinflusst dann die soziale Begegnung und deren Verlauf. Das Ergebnis der sozialen Interaktion kann als Feedback die personalen und situativen Variablen modifizieren, die Einfluss auf die nächste Episode haben werden. Jede Episode ist ein einzelner Lerndurchgang, sowohl für das Individuum als auch seine soziale Umwelt, der bei allen Beteiligten Anpassungsprozesse hervorbringt. Abb. 20: General Aggression Model (übersetzt nach Allen & Anderson, 2017)

In der Inputphase wirken Variablen zusammen, die einerseits aufseiten des Individuums, andererseits aufseiten der Situation liegen. In ihrem Zusammenspiel erhöhen oder verringern sie die Wahrscheinlichkeit für aggressives Verhalten, indem sie den gegenwärtigen inneren Zustand des Individuums beeinflussen. Diese Variablen sollten im Gespräch mit dem Hundehalter sorgfältig erfasst werden, da sie quasi die „Stellschrauben" darstellen, mit deren Hilfe das aggressive Verhalten kurz- und mittelfristig beeinflusst werden kann.

Personale Variablen sind persönliche Charakteristika, die beeinflussen, wie jemand in einer bestimmten Situation reagiert. Sie sind relativ stabil über verschiedene Situationen hinweg und verändern sich wenig mit der Zeit. Die wichtigsten personalen Variablen des GAM, die sich auf das aggressive Verhalten von Hunden übertragen lassen, sind Werte, Ziele sowie Wissensstrukturen und Skripte.

Werte stehen für die Frage, wofür der Hund eigentlich kämpft. Was ist ihm so viel wert, dass er dafür seine Gesundheit, manchmal sogar sein Leben, und neben den Schmerzen auch negatives soziales Feedback und andere Bestrafungen riskiert? Ähnlich wie Menschen kämpfen Hunde um Werte wie Status, Territorien, Ressourcen (Futter, Spielzeug), Sozial- und Fortpflanzungspartner (Familie), Freiheit und das Recht auf autonome Entscheidungen („Lass mich! Fass mich nicht an! Schränke mich nicht ein! Sag mir nicht, was ich tun soll!"). Hundetrainer und Verhaltensbiologen würdigen diese Werte mit Ausdrücken wie „statusgebundene" oder „territoriale" Aggression. Welche Prioritäten Hunde bei der Verteidigung ihrer Werte setzen, ist u. a. rasse- und persönlichkeitsbedingt und variiert genauso stark wie bei Menschen. Genau wie beim Menschen ist es äußerst schwierig, einen Hund dazu zu bringen, seine Prioritäten zu überdenken.

Die Ziele bestimmen in einer gegebenen Situation, was der Hund mit seinem Verhalten konkret erreichen möchte. Ein „territorial aggressiver" Hund könnte das konkrete Ziel verfolgen, mit seinem Angriff einen Eindringling zu vertreiben. Er könnte auch das Ziel verfolgen, ihn auf dem Grundstück zu stellen und festzuhalten, bis sein Mensch dazukommt und die Situation auflöst. Ein drittes Ziel könnte sein, den Eindringling zu töten, sodass er auch in Zukunft keine Bedrohung mehr darstellt. Allen Zielen liegt derselbe Wert zugrunde (Territorium), doch je nach verfolgtem Ziel wird der Hund unterschiedliche aggressive Verhaltensstrategien entwickeln. Während Werte relativ stabil überdauern, können Ziele deutlich flexibler und situationsgerechter gewählt werden. Hier liegt ein wichtiger Ansatzpunkt im Hundetraining. Gelingt es, eine Verhaltensstrategie zu finden, die den Wert befriedigt, aber weniger drastische Ziele verfolgt (Alternativverhalten), wird diese vom Hund oft besser angenommen als ein sogenanntes „Alternativverhalten", welches die dem aggressiven Verhalten zugrunde liegenden Werte und Bedürfnisse ignoriert.

Skripte sind Beispiele für sogenannte Wissensstrukturen (engl.: knowledge structures). Wissensstrukturen entwickeln sich aus Erfahrung und helfen beim Umgang mit wiederholt auftretenden Situationen. Skripte sind Drehbücher für häufig auftretende soziale Situationen. Um sich nicht jedes Mal überlegen zu müssen, wie man sich jetzt am besten verhält, lernt das Individuum bestimmte Handlungsabläufe „auswendig". Durch Wiederholung verfestigen sich diese Schemata zu Automatismen. Ein Beispiel dafür sind Begrüßungssituationen. Jeder kennt Hunde, die sich einem fremden Menschen auf vier Pfoten nähern, dabei flach wedeln und sich die Schnauze lecken (licking intention). Dieses Verhalten empfinden wir als höfliche und angemessene Annäherung. Daneben kennen wir Hunde, die ungebremst in einen Menschen hineinrennen, an ihm hochspringen und ihm die Zunge ins Gesicht drücken, möglichst in den Mund oder die Nasenlöcher. Je öfter dieses Verhalten vom Welpenalter an gezeigt wird, desto mehr verfestigt es sich und desto resistenter wird es gegen „Erziehungsversuche" und negatives Feedback. Es automatisiert. Auch aggressives Verhalten kann in automatisiert ablaufenden Skripten gespeichert werden. Manche Hunde zeigen beispielsweise fast stereotyp anmutende Leinenaggression bei der Begegnung mit fremden Hunden, verhalten sich ohne Leine dagegen freundlich bzw. angemessen in der Begrüßungssituation.

Zu den Wissensstrukturen gehören auch Überzeugungen zur Selbstwirksamkeit in Bezug auf aggressive und nicht-aggressive Verhaltensalternativen. Diese basieren stark auf Erfahrung. Ein Yorkshire-Terrier, der gelernt hat, dass Fluchtverhalten größere Hunde dazu reizt, ihn wie Beute zu verfolgen, aggressives Drohverhalten sie jedoch auf Distanz hält, wird sich als wenig selbstwirksam in Bezug auf Fluchtverhalten erleben, jedoch als hoch selbstwirksam in Bezug auf aggressives Verhalten.

Als letzten Aspekt, der ebenfalls zu den Wissensstrukturen gehört, wollen wir feindselige Attributionen, Wahrnehmungen und Erwartungen betrachten. Individuen, die in nicht eindeutigen sozialen Situationen dazu neigen, den anderen als feindselig wahrzunehmen (voreingenommene Fehlinterpretation des Ausdrucksverhaltens), ihm feindselige Intentionen zu unterstellen und feindseliges Verhalten vom anderen zu erwarten, werden in solchen Situationen eher zu wütenden Reaktionen und aggressivem Verhalten neigen als Individuen, die prosozial voreingenommen sind. Oft liegen diesen Fehlattributionen und Fehlwahrnehmungen ausgeprägte negative Erfahrungen im Rahmen der Sozialisation zugrunde.

Situationsvariablen beschreiben wichtige Aspekte der sozialen Situation und interagieren mit personalen Variablen, um aggressives Verhalten zu stimulieren oder zu hemmen. Als Risikofaktoren für aggressives Verhalten hat die Forschung eine ganze Reihe von Reizen identifiziert, die wir als Stressoren im Kapitel zur Angst schon kennengelernt haben, u. a. sozialer Stress, Schmerz, Unbehagen aufgrund aversiver Reize (Lärm, Hitze, etc.) sowie angstauslösende und bedrohliche Reize. Da die Stressreaktion neben Flucht- auch Kampfreaktionen umfasst, ist es wenig überraschend, dass alle Stressoren nicht nur Angst und Flucht, sondern alternativ auch Wut und Aggression auslösen können. Weitere situative Risikovariablen sind u. a. Provokation, Frustration, aggressive Hinweisreize, beobachtetes aggressives Verhalten anderer in der aktuellen oder einer vorausgehenden Situation (insbesondere, wenn sich dieses gelohnt hat), körperliche Anstrengung und der akute Einfluss von Medikamenten.

In der zweiten Phase werden die Verarbeitungsrouten durchlaufen, über die die Inputvariablen den gegenwärtigen inneren Zustand des Individuums manipulieren: Affekt, Kognition und Erregung. Für jeden der drei Aspekte sind unterschiedliche neuronale Funktionskreise zuständig. Oft fassen wir Affekt und Erregung sprachlich zusammen, indem wir sagen, wir seien „genervt“, „verärgert“ oder „rasend vor Wut“ bzw. „unsicher“, „ängstlich“ oder „in Panik“. Tatsächlich handelt es sich in jeweils drei Fällen um dieselbe zugrunde liegende Emotion: „Wut“ bzw. „Angst“. Verändert hat sich lediglich das Ausmaß der Erregung, welche u. a. von Kernen innerhalb der Formatio reticularis gesteuert wird, während der Affekt u. a. von der Amygdala generiert wird. Die Kognitionen werden dagegen insbesondere vom präfrontalen Cortex (Großhirn) beeinflusst.

Alle drei Routen, Affekt, Erregung und Kognition, interagieren miteinander und beeinflussen sich gegenseitig. Der Affekt kann einerseits die Kognitionen und die Erregung beeinflussen, andererseits können Kognitionen oder Erregung sich auf Affekte auswirken. Wenn ein gut sozialisierter Rüde beispielsweise von einer Hündin gerammt wird und er als Folge kognitiver Prozesse entscheidet, dass es sich um einen absichtlichen Kontakt handelt und kein Versehen war, weil sie im Spiel einem anderen Hund ausgewichen ist, könnte er Wut empfinden. Diese affektive Reaktion führt wiederum zu gesteigerter Erregung. Experimente zeigen, dass unspezifische Erregung, die aus körperlicher Aktivität stammt, ebenfalls beeinflusst, wie ein Individuum affektiv reagiert, wenn es provoziert wird. Mit steigender Erregung, ausgelöst beispielsweise durch ein Ballspiel, steigt das Risiko für wütende Affekte und die Aktivierung von aggressiven sozialen Skripten, falls sich ein Konkurrent dem Ball nähert. Der Affekt schlägt in dieser Situation von „freudig" in „wütend" um, die Erregung, die sich bereits auf einem hohen Level befindet, bleibt jedoch erhalten. Statt lediglich „verärgert" zu reagieren, ist der eben noch gut gelaunte Terrier plötzlich „rasend vor Wut". Wäre er weniger erregt gewesen, hätte er den anderen Hund vielleicht mitspielen lassen. Das GAM geht also im Gegensatz zu unserer Alltagspsychologie und einigen älteren psychologischen Modellen nicht davon aus, dass immer zuerst die (aggressiven) Affekte auftreten und erst nachfolgend Erregung und feindselige Kognitionen dadurch beeinflusst werden, sondern dass jeder der drei Aspekte zuerst auftreten und die anderen nachfolgend verändern kann. Diese Annahme wird durch Ergebnisse der sozialpsychologischen Emotionsforschung gestützt.

Der gegenwärtige innere Zustand des Individuums beeinflusst in der dritten Phase aggressives Verhalten, indem er die Bewertungs- und Entscheidungsprozesse manipuliert. Die Bewertungs- und Entscheidungsprozesse führen ihrerseits entweder zu durchdachten oder zu impulsiven Handlungen.

Im ersten Schritt wird eine unmittelbare Bewertung vorgenommen. Diese erfolgt schnell, spontan, automatisch und unbewusst. Inhaltlich bewertet werden die personalen Variablen und die Situationsvariablen in Abhängigkeit vom gegenwärtigen inneren Zustand. Dabei werden affektive Aspekte ebenso berücksichtigt wie Ziele und Absichten in der gegenwärtigen Situation. Die im Anschluss an die unmittelbare Bewertung vorgeschlagene Handlung variiert dementsprechend stark von Individuum zu Individuum und Situation zu Situation. Sie hängt u. a. auch von der Persönlichkeit, der Lerngeschichte (Sozialisation) und der aktuellen Verfügbarkeit aggressiver und nicht-aggressiver Wissensstrukturen ab (aktivierte Kognitionen).

Nachdem die unmittelbare Bewertung vorgenommen wurde, werden Handlungsentscheidungen getroffen. Entscheidend ist, ob ausreichend Ressourcen (Zeit und kognitive Kapazität) zur Verfügung stehen und das Ergebnis des unmittelbaren Bewertungsprozesses als wichtig und unbefriedigend antizipiert wird. Ist dies der Fall, kommt es zu einer Neubewertung, d. h., der Handlungsimpuls, der durch die unmittelbaren Bewertungsprozesse vorgeschlagen wurde, wird gehemmt und es wird nach alternativen Verhaltensmöglichkeiten gesucht, die ein befriedigenderes Ergebnis versprechen (durchdachte Handlung). Oft werden dabei Situationsvariablen wie vermutete Absichten neu interpretiert, z. B. indem eine unklare soziale Situation, die zunächst als Provokation wahrgenommen wurde, doch eher als Versehen gewertet wird. Die Ergebnisse der Neubewertung können auf den gegenwärtigen inneren Zustand des Individuums zurückwirken – der Rüde beruhigt sich, wenn er den Rempler der Hündin in der Neubewertung der Situation als „Versehen“ deutet. Der Neubewertungsprozess kann mehrere Zyklen durchlaufen, ehe er zu einem befriedigenden Ergebnis kommt.

Mindestvoraussetzungen für die Neubewertung sind:

1. genügend Zeit zur Entscheidungsfindung in einer gegebenen sozialen Situation,

2. genügend kognitive Ressourcen für die Entscheidungsfindung (werden schnell beeinträchtigt durch zu starke Erregung, s. Kapitel 8),
3. ein kognitiver Entwicklungsstand, der es ermöglicht, eigene Verhaltensimpulse zu hemmen, die Absichten anderer korrekt zu erkennen und die Konsequenzen eigenen Verhaltens einigermaßen korrekt zu antizipieren (im Welpenalter erst schwach entwickelt, erst nach Abschluss der Pubertät volle Kapazität),
4. ein intaktes neuronales Netzwerk, das prosozialen Interaktionen im Zweifelsfall eine wichtigere Bedeutung zuschreibt als den infrage gestellten „Werten" oder Bedürfnissen des potenziellen Aggressors (beeinflusst durch Sozialisation, Erziehung und prosoziale Vorbilder, beeinträchtigt u. a. durch psychische und neurologische Erkrankungen),
5. Verhaltensalternativen, die zu befriedigenderen Ergebnissen führen als der vom unmittelbaren Bewertungsprozess vorgeschlagene Handlungsimpuls, müssen dem Hund bekannt und in der aktuellen Situation erfolgreich durchführbar sein.

Sind diese Voraussetzungen nicht gegeben, wird unmittelbar eine impulsive Handlung durchgeführt. Sowohl durchdachte als auch impulsive Handlungen können aggressiv oder nicht-aggressiv sein.

Die durchdachte oder impulsive Handlung wird in der aktuellen sozialen Begegnung durchgeführt und führt zu Konsequenzen, die als relevantes Feedback mitgelernt werden. Die Lernprozesse finden auf verschiedenen Ebenen statt, insbesondere spielen operante Konditionierung und Veränderungen von aggressionsbezogenen Wissensstrukturen (Skripten) bei Aggressionen eine Rolle. Auf diese Weise wirkt sich das Feedback auf die personalen und Situationsvariablen aus, womit sich der Kreis schließt.

Neben den bisher besprochenen Variablen wirken sich indirekt auch biologische und Umweltfaktoren sowie die Persönlichkeit des Hundes auf den Verlauf der aktuellen Episode aus. Jede Episode stellt wiederum einen Lerndurchgang dar, der langfristig die Persönlichkeit verändern kann (z. B. Steigerung der Eigenschaftsaggressivität durch wiederholte aggressive Interaktionen).

Biologische Variablen stellen Risikofaktoren für die Entwicklung aggressiver Persönlichkeitsmerkmale dar. Dazu gehören u. a.: genetische Dispositionen (Rasse, bestimmte ungünstige Genvarianten in Familienlinien), chronische Über- und Untererregung, geringer Serotoninspiegel, psychische und neurologische Erkrankungen (wie ADHS, PTBS, Schädel-Hirn-Traumata), Störungen verschiedener Hormonsysteme (wie Schilddrüsenhormone, Stresshormone, Sexualhormone) und Einschränkungen der exekutiven Funktionen (z. B. nach Unfällen oder im Rahmen von Demenzen).

Umweltfaktoren, die sich auf die Entwicklung aggressiver Persönlichkeitsmerkmale auswirken können, umfassen u. a.: dysfunktionale Bindungen und Beziehungsstrukturen, Deprivation, mangelhafte Sozialisation und Erziehung, eine gewalttätige soziale Umgebung, Ressourcenknappheit, Viktimisierungserfahrungen (Opfer von Gewalt), bedrohliche oder schwierige Lebensumstände und Haltungsbedingungen, chronische Konflikte innerhalb der Gruppe, Mangel an sozialer Unterstützung und Regulierung durch Umstehende bei aggressiven Begegnungen, Unterstützung durch Umstehende bei aggressiven Begegnungen (aus der Gruppe heraus handelnd), regelmäßige und wiederholte aggressive Interaktionen sowie aggressive „Vorbilder“ (andere Hunde oder Menschen als Modell). Hundetrainer vermuten die Ursachen für Aggressionen bei Hunden oft richtigerweise genau in solchen Hintergründen.

Die Persönlichkeit entsteht aus der biosozialen Interaktion von biologischen und Umweltfaktoren und beeinflusst nachfolgend sowohl personale als auch Situationsvariablen. Sie bestimmt etwa darüber, wer überhaupt in welche Situationen gerät. Das Risiko, in eine Kneipenschlägerei verwickelt zu werden, mag sehr gering sein, wenn jemand aufgrund seines sensiblen und introvertierten Charakters nur selten Kneipen besucht. Wenn sich in einer Hundespielgruppe zwei Hunde prügeln, stürzen sich oftmals einige Terrier erwartungsgemäß dazwischen, während der Border Collie bellend um die Gruppe herumläuft und der Malteser sich zwischen die Beine seines Menschen rettet und die Sache beobachtet. Aggressive Persönlichkeitsmerkmale beeinflussen aggressive Wahrnehmungsschemata bezüglich des Ausdrucksverhaltens und der Absichten anderer (in unklaren Situationen werden Ausdruck und Verhalten anderer eher als feindselig interpretiert), aggressive Erwartungen bezüglich ihres Verhaltens (Tendenz, von anderen feindseliges und ablehnendes Verhalten zu erwarten) und aggressive Verhaltensskripte („Wenn mir jemand zu nahe kommt oder ich wütend bin, beiße ich zu."). Wiederholte aggressive Interaktionen können zur Desensibilisierung führen, d. h. es wird weniger physische und emotionale Erregung in aggressiven Interaktionen erlebt. Zusammengenommen verändern diese Variablen mit der Zeit die Persönlichkeit des Individuums und lassen es zunehmend aggressiver werden. Die veränderte Persönlichkeit wirkt sich dann auf die drei Phasen der nächsten aggressiven Episoden aus (Inputvariablen, gegenwärtiger innerer Zustand und Bewertungs- und Entscheidungsprozesse) und deren Feedback verändert wiederum mit der Zeit die Persönlichkeit. Auf diese Weise entwickelt sich ein Teufelskreis.

Das GAM kann jedoch auch genutzt werden, um die Entwicklung einer prosozialen Persönlichkeit und prosozialer impulsiver und durchdachter Handlungen abzuleiten, indem man auf die aufgezeigten Variablen entsprechend förderlich einwirkt. Dann entsteht ein Kreislauf, der sich immer weiter in die prosoziale Richtung verstärkt.

Auch wenn das Kind schon in den Brunnen gefallen ist, kann oft durch Eingreifen an den richtigen Stellen nach und nach eine Veränderung der Bewertungs- und Entscheidungsprozesse in die prosoziale Richtung herbeigeführt werden. Dies bedarf jedoch meistens einer sorgfältigen Diagnostik, individueller Einwirkung auf die bei dem betroffenen Hund am stärksten beteiligten Variablen (statt Training nach Schema F) und geduldiger und liebevoller sozialer Auseinandersetzung über Wochen und Monate, manchmal Jahre.

## Die neurobiologischen Grundlagen von Wut und Aggression

Wie wir gesehen haben, ist Aggression ein vielschichtiges und komplexes Verhalten. Es gibt experimentelle Belege dafür, dass verschiedene Aggressionsformen vom Gehirn unterschiedlich gesteuert werden. Ein wichtiger Faktor ist z. B. die Konzentration männlicher Sexualhormone (Androgene). Der jahreszeitlichen Rhythmen unterliegende Anstieg der Androgenkonzentration steht bei vielen Tierarten in Zusammenhang mit aggressivem Verhalten, insbesondere bei der Auseinandersetzung um Sexualpartner. Von Hunden wissen wir, dass Kastration einen schwer vorherzusagenden Einfluss auf aggressives Verhalten haben kann. Experimente zeigen, dass Testosteroninjektionen Jungtiere aggressiver machen, während Kastration bestimmte Aggressionsformen drosseln kann. Eine detaillierte Diskussion findet sich beispielsweise in Strodtbecks 2018 erschienenem Buch „Kastration und Verhalten beim Hund“. Das Beispiel der Sexualhormone zeigt uns, was für eine wichtige Rolle die Neurobiologie bei der Entstehung von Wut und Aggression spielt. Um aggressives Verhalten besser zu verstehen, ist es daher hilfreich, sich neben den Faktoren

Erziehung, Sozialisation und Lernen auch mit den unterschiedlichen Hirnstrukturen zu befassen, die es steuern. Das wird besonders relevant, wenn diese Hirnstrukturen aufgrund von Erkrankungen, Unfällen oder Umwelteinflüssen in ihrer Funktion gestört sind oder durch Psychopharmaka positiv beeinflusst werden sollen.

### Amygdala als Sitz der Wut

Wie wir bei der Emotion Angst gesehen haben, führen Läsionen der Amygdala nicht nur zur Zahmheit im Sinne des Verlustes von Ängsten, sondern auch zur Verminderung von aggressivem Verhalten. Amygdalaläsionen wirken sich nicht nur auf defensive, sondern auch auf statusbezogene Aggressionen aus, wie man beispielsweise an Rhesusaffen gezeigt hat, die vor dem Experiment in einer etablierten Hierarchie zusammenlebten. Bei dem ranghöchsten Männchen wurde die Amygdala beidseitig zerstört. Nach seiner Rückkehr in die Kolonie sank der ehemalige Anführer auf den untersten Platz der Rangordnung ab, da er zu friedlich geworden war, um sich gegen statusbezogene Angriffe zu wehren. Daraufhin wurde dem nun ranghöchsten Affen ebenfalls eine beidseitige Amygdalaläsion zugefügt. Auch er fiel daraufhin in der Rangordnung nach unten. Offenbar spielt die Amygdala eine wichtige Rolle bei Aggressionen, die für die Aufrechterhaltung der eigenen Position in einer sozialen Hierarchie notwendig sind.

Eine direkte elektrische Stimulation der Amygdala ruft affektive, d. h. von Wut und Erregung begleitete Aggressionen hervor („heiße“ Aggression). Gestützt auf derartige Befunde nahm man im frühen 20. Jahrhundert gezielt psychochirurgische Operationen an Menschen vor, um deren Aggressivität zu verringern. Dazu wurden mithilfe von elektrischen Elektroden oder Giftinjektionen beidseitig die Amygdalae zerstört. Klinischen Berichten aus dieser Zeit zufolge zeigten die

Patienten daraufhin weniger aggressives und asoziales Verhalten sowie weitere Veränderungen in Erleben und Verhalten. Da es sich um sehr drastische Eingriffe in die Persönlichkeit und Integrität eines Individuums handelt, verbieten heutige ethische Maßstäbe ein solches Vorgehen in den meisten Fällen und insbesondere gegen den Willen der Betroffenen.

Wie wir gesehen haben, ist Aggression ein komplexes Phänomen, daher ist es wenig verwunderlich, dass neben der Amygdala noch weitere Hirnstrukturen daran beteiligt sind. Diese Strukturen werden von der Amygdala angesteuert, ähnlich wie bei der Emotion „Angst".

### Hypothalamus als Koordinationszentrum

Der Hypothalamus wurde schon in den 1920er Jahren mit aggressivem Verhalten in Verbindung gebracht. Grundlegend dafür waren Experimente an Hunden und Katzen, bei denen beide Großhirnhälften entfernt worden waren. Vor dem Eingriff waren die Versuchstiere schwer zu provozieren gewesen. Nach dem Eingriff genügten kleinste Provokationen wie ein Streicheln über den Rücken, um rasende Wut auszulösen. Die Tiere gingen jedoch nicht zum Angriff über. Wurde neben den Großhirnhälften auch der gesamte Hypothalamus beschädigt, verschwand die Wut. Betraf die Zerstörung nur den vorderen Teil des Hypothalamus, blieb die Wut bestehen. Dies deutet darauf hin, dass insbesondere der hintere Teil des Hypothalamus wichtig für den Ausdruck von Wut und Aggression ist. Beim intakten Gehirn wird der Hypothalamus durch das Großhirn gehemmt. Weitere Experimente an Katzen brachten noch mehr Aufschluss über die Funktion des Hypothalamus. Dazu wurden Elektroden an verschiedenen Stellen des Hypothalamus implantiert. Je nachdem, welche Region des Hypothalamus durch die Elektroden stimuliert wurde, nieste die Katze, keuchte, fraß oder zeigte für Wut oder Angst typische

Verhaltensweisen. Damit war man den beiden Hauptfunktionen des Hypothalamus auf der Spur: zum einen die Homöostase (Balance) der Körperfunktionen aufrechtzuerhalten und zum anderen die körperlichen Reaktionen zu steuern, die mit dem Ausdruck von Emotionen einhergehen (Herzfrequenz, Pupillenerweiterung, Magen-Darm-Bewegungen, Blutdruckveränderungen, etc.). Eine geringe elektrische Stimulation einer bestimmten Hypothalamusregion rief bei der Katze ein komplexes und koordiniertes Verhaltensmuster hervor, das normalerweise gezeigt wird, wenn sie sich bedroht fühlt (Knurren, Fauchen, Ohrenanlegen, Fellsträuben, gelegentliches Aufspringen und Losrennen). Bei stärkerer Stimulierung kam es zu Angriffsverhalten. Die Unterbrechung der Stimulation führte zum raschen Abklingen der Wut, woraufhin die Katze einschlief.

Weitere Experimente an Katzen in den 1960er Jahren zeigten, dass unterschiedliche Hypothalamusregionen für affektive Aggression und Beuteaggression zuständig sind. Wurden Teile des medialen (mittleren) Hypothalamus stimuliert, zeigte die Katze affektive Aggression und Wut (Buckel, Fauchen, Knurren), ohne jedoch eine Ratte, die direkt vor ihr saß, anzugreifen. Stimulierte man laterale (seitliche) Hypothalamusregionen, zeigte die Katze Beuteaggression (lautloser Beißangriff ohne Zeichen von Drohverhalten).

Der Hypothalamus, der seine Eingangssignale von der Amygdala erhält, sendet seine Ausgangssignale über zwei Faserbündel an den Hirnstamm (mediales Vorderhirnbündel und dorsales Längsbündel).

### Mittelhirnstrukturen als ausführende Instrumente

Über das mediale Vorderhirnbündel wird ausgehend vom lateralen Hypothalamus (Beuteaggression) das ventrale tegmentale Areal (VTA) im Mittelhirn stimuliert. Das VTA wiederum stimuliert mithilfe des

Neurotransmitters Dopamin den Nucleus accumbens und ist Teil des Belohnungs- und Motivationssystems. Direkte elektrische Stimulation des VTA mithilfe von Elektroden führt ebenfalls zu Verhaltensweisen, die typisch für Beuteaggression sind. Läsionen des VTA unterbinden dagegen das Auftreten offensiv aggressiver Verhaltensweisen. Hier ist der Zusammenhang zu suchen, der vielen Hundehaltern beim Jagdverhalten ihrer Hunde Probleme macht. Die Aktivierung des VTA durch den Hypothalamus löst neben dem Beutefangverhalten auch Lustgefühle im Hund aus. Um diese Lustgefühle erneut zu erleben, sucht der Hund erneut jagdliche Situationen auf. Insbesondere wenn Ersatzobjekte ins Spiel kommen, kann sich die Jagd nach den Lustgefühlen bis zum Suchtverhalten steigern („Balljunkie"). Offensiv-aggressives Verhalten kann auf diesem Weg ebenfalls lustbetont erlebt werden und zum Aufsuchen entsprechender Situationen führen.

Über das dorsale Längsbündel sendet der mediale Hypothalamus (affektive Aggression) Ausgangssignale zum periaquäduktalen Grau (PAG) im Mittelhirn, das wir schon aus dem Angstkapitel kennen. Elektrische Stimulation des PAG kann neben Einfrieren und Fluchtreflexen auch affektiv getöntes Aggressionsverhalten auslösen. Nach Läsionen des PAG treten diese Reaktionen nicht mehr auf.

KAPITEL 6

# DAS SENSOMOTORISCHE SYSTEM

Wir haben bis hierhin verstanden, wie physikalische Reize von den Sinnessystemen so umgewandelt werden, dass das Gehirn sie auswerten und zu einem sinnvollen inneren Abbild der äußeren Welt verrechnen kann. Im nächsten Schritt haben wir gesehen, wie aus Reizen Emotionen entstehen und wie sie die Entscheidung für bestimmte Verhaltensweisen beeinflussen. Aber wie entsteht Verhalten?

Verhalten, welches wir von außen beobachten und im Ethogramm der Tierart beschreiben können, entsteht durch Bewegungen. Jeder Bewegung liegt die koordinierte Aktivität von Muskeln zugrunde. Die Gesamtheit der aktiven, koordinierten Bewegungen des Körpers wird „Motorik" genannt. Zuständig für deren Steuerung sind die motorischen Systeme des Gehirns. Einfache Bewegungen, wie rhythmische Bewegungen der Gliedmaßen beim Laufen, können ohne Beteiligung des Gehirns durch einen gekreuzten Rückenmarksreflex (Streckreflex) aufrechterhalten werden. In Experimenten zu Beginn des 20. Jahrhunderts konnten bei Hunden, Katzen, aber auch Hühnern noch rhythmische Bewegungen der Gliedmaßen ausgelöst werden, wenn ihr Rückenmark vom Gehirn getrennt wurde. Das Rückenmark enthält bestimmte „Programme“ bzw. feste, neuronale Verschaltungen, über die koordinierte Bewegungen erzeugt werden können. Abgerufen, ausgeführt und modifiziert werden diese Programme jedoch normalerweise durch Befehle vom Gehirn. Motorische Kontrolle findet also auf zwei Ebenen statt: (1) Steuerung und Kontrolle koordinierter Muskelkontraktionen durch das Rückenmark und (2) Steuerung und Kontrolle motorischer Programme im Rückenmark durch das Gehirn.

Die detaillierte Betrachtung der Interaktionen auf der Ebene des Rückenmarks überlassen wir den Neurologen und wenden uns hier nur den vom Gehirn gesteuerten Verhaltensweisen und der Frage zu, wie das Gehirn willkürliche und sozial relevante Bewegungen jenseits von einfachen Reflexen hervorbringt.

Das zentrale motorische System ist hierarchisch organisiert. Diese Hierarchie besteht aus drei Ebenen: Assoziationsfelder und Basalganglien bilden die Spitze und sind für die Strategie zuständig. Sie behalten das Bewegungsziel im Blick und suchen die beste Bewegungsstrategie, um das Ziel zu erreichen. Motorcortex und Kleinhirn bilden die mittlere Ebene und sind für die Taktik zuständig. Sie organisieren die räumlich-zeitlichen Abläufe der Muskelkontraktionen so, dass das strategische Ziel präzise und fehlerlos erreicht wird. Hirnstamm und Rückenmark bilden die Basis der Hierarchie. Sie führen die Bewegungen aus, die weiter oben geplant wurden. Das klingt zunächst übersichtlich, aber tatsächlich ist das motorische System zum einen unglaublich komplex verschaltet, zum anderen arbeitet es sehr eng mit den Wahrnehmungssystemen zusammen, insbesondere mit dem somatosensorischen System. Das somatosensorische System wertet Reize aus, die von der Oberfläche oder aus dem Inneren des Körpers stammen. Es umfasst den Tastsinn, die Temperatursinne und die Tiefensensibilität.

An einem einfachen Beispiel lässt sich diese Komplexität verdeutlichen. Stellen wir uns einen Mann vor, der einen Ball für seinen Hund wirft. Zunächst muss er sich überlegen, wohin, wie weit und wie scharf er werfen will. Diese Entscheidungen werden von der ersten und zweiten Hierarchieebene getroffen und sind von Informationen über die aktuelle Situation abhängig, beispielsweise, ob andere Hunde, Menschen oder gefährliche Hindernisse im Zielgebiet stehen. Hat er sich entschieden, werden Neurone im Hirnstamm und Rückenmark aktiviert, die die Ausführung der Bewegung einleiten. Dazu müssen zeitlich präzise aufeinander abgestimmt bestimmte Motorneurone im Halsrückenmark aktiviert werden, um Muskeln in Schulter, Ellenbogen, Handgelenk und Fingern koordiniert zu bewegen. Gleichzeitig sorgen Signale vom Hirnstamm an das Rückenmark im Brust- und Lendenwirbelbereich dafür, dass der Werfer seine Körper- und Beinhaltung fortlaufend so anpasst, dass er beim Wurf nicht hinfällt. Weitere Motorneurone im Hirnstamm sorgen dafür, dass der Mann sein Ziel mit den Augen weiter fixiert, während er Kopf und Körper beim Werfen bewegt. Diese Orchestrierung verschiedener Muskelgruppen erfolgt in einer Geschwindigkeit, die es ermöglicht, den Ball auf bis zu 160 km/h zu beschleunigen. Die Armbewegung des Werfers wird dabei so schnell, dass er sie nicht mehr anhand somatosensorischen Feedbacks korrigieren kann, falls sich während der Bewegung herausstellt, dass der Wurf sein Ziel verfehlen wird. Somatosensorisches Feedback kann jedoch, kombiniert mit Feedback aus dem Gleichgewichtsorgan, dazu verwendet werden, Bewegungen einzuleiten, die den Körper beim Wurf stabilisieren und vor dem Umkippen bewahren, etwa indem der Werfer einen Ausfallschritt nach vorn macht. Diese somatosensorischen Signale – wie es sich „angefühlt" hat, auf diese Weise zu werfen – werden in die Auswertung des Ergebnisses des Wurfes miteinbezogen, sodass sie spätere, ähnliche Bewegungen beeinflussen können. Das nennen wir „motorisches Lernen". Wir sehen, dass sensorische Informationen über die Stellung des Körpers unerlässlich sind für das Erlernen sowie die Planung, Steuerung und Ausführung von Bewegungen. Das motorische System wird daher auch zusammenfassend als sensomotorisches System bezeichnet.

## SOMATOSENSORIK

Das somatosensorische System beschäftigt sich, anders als andere Sinnessysteme, nicht mit der Umwelt, sondern mit dem eigenen Körper. Auf diese Weise können sich Tiere und Menschen ihres Körpers „bewusst" sein und ihn als „Objekt" erleben, um den sie sich – ähnlich wie um einen anderen Sozialpartner – kümmern und den sie versorgen müssen. Die somatosensorische Wahrnehmung ermöglicht es uns, Berührungen zu erleben, Temperatur zu fühlen und zu wissen, welche Stellung unser Körper und unsere Gliedmaßen gerade im Raum einnehmen, wie schnell und wohin sie sich bewegen. Auch die Dehnung des Magens oder der Harnblase wird vom somatosensorischen System registriert. Reize, die so stark sind, dass sie Schädigungen des Körpers auszulösen drohen oder ihn tatsächlich schädigen, bewirken Schmerzen.

Das somatosensorische System unterscheidet sich von anderen Sinnessystemen zum einen dadurch, dass es über die ganze Körperoberfläche verteilte Rezeptoren besitzt, statt je zwei kleiner, eng begrenzter Regionen mit Sinneszellen wie in der Netzhaut, Hörschnecke oder

Riechschleimhaut. Zum anderen spricht dieses Sinnessystem auf so viele unterschiedliche Reize an, dass es eigentlich als Gruppe von mindestens vier verschiedenen Sinnen aufgefasst werden kann: Tastsinn, Temperatursinn, Schmerzsinn und Eigenwahrnehmung des Körpers (Propriozeption).

Mechanorezeptoren bilden die überwiegende Mehrheit von Sinneszellen im somatosensorischen System. Sie reagieren auf physische Verformungen, beispielsweise durch Druck oder Dehnung, und sind überall im Körper verteilt. Mit ihrer Hilfe registriert das Gehirn Hautkontakte und Berührungen, den Blutdruck im Herzen und den Gefäßen, den Dehnungszustand der Verdauungsorgane und der Harnblase und Druckeinwirkung auf die Zähne. Es existieren mehrere verschiedene Arten von Mechanorezeptoren allein in der Haut (u. a. Vater-Pacini-Körperchen, Meissner-Körperchen, Merkelzell-Rezeptoren, Ruffini-Körperchen). Diese Rezeptoren reagieren unterschiedlich auf Druck, Vibrationen, leichte Berührungen, Dehnung und Zug. Die Pacini-Körperchen reagieren am empfindlichsten auf Vibrationen um 200–300 Hz. Legen wir eine Hand auf den Brustkorb eines tief und laut knurrenden Hundes, können wir das Knurren als Vibration in der Hand mithilfe der Pacini-Körperchen fühlen. Die Meissner-Körperchen reagieren dagegen am empfindlichsten auf Vibrationen um die 50 Hz. Streichen wir über das raue Fell des Hundes, werden diese Rezeptoren durch das Streichen über die einzelnen Haare auf der Oberfläche optimal stimuliert und die Oberfläche wird als „rau" wahrgenommen. Die Mechanorezeptoren wandeln mechanische Stimulation in elektrische Signale um, die über Nervenfasern zum Rückenmark geleitet werden. Über die sogenannte Hinterstrangbahn wandern die elektrischen Signale zu den Hinterstrangkernen am Übergang vom Rückenmark zur Medulla oblongata (verlängerten Rückenmark). Auf dieser Ebene gelangen Informationen noch auf die gleichseitige Hirnhälfte, d. h. eine Berührung der rechten Körperhälfte bewirkt Aktivierung in den rechten Hinterstrangkernen. Die von hier weiter Richtung Gehirn laufenden Bahnen kreuzen jedoch nach diesem Punkt, sodass alle nachfolgenden Schaltstellen ihre Informationen aus der gegenüberliegenden Körperhälfte bekommen. Daher kann eine Verletzung (durch Schlaganfall, Tumor, etc.) in der rechten Hirnhälfte zu Sensibilitätsstörungen in der linken Körperhälfte führen und umgekehrt. Über eine Bahn aus Nervenfasern (Lemniscus medialis), die durch Medulla, Pons und Mittelhirn aufwärts zieht, gelangen die elektrischen Signale zum Thalamus (Ncl. ventralis caudalis) und von dort in den primären somatosensorischen Cortex. Von hier aus können sie dem Individuum für bewusste Wahrnehmung zur Verfügung gestellt werden.

Der primäre somatosensorische Cortex ist wie eine Landkarte (somatotop) organisiert, ähnlich wie wir es vom Hören (tonotop) und Sehen (retinotop) schon kennen. Sinnesempfindungen in benachbarten Körperregionen lösen elektrische Aktivität in benachbarten Nervenzellen des somatosensorischen Cortex aus. Diese Landkarte lässt sich beim Menschen leicht untersuchen, indem man mit einer Elektrode bestimmte Stellen im somatosensorischen Cortex stimuliert. Der Mensch berichtet daraufhin, an welcher Körperstelle er eine Phantomempfindung wahrnimmt. Der kanadische Neurochirurg Penfield nutzte diese Methode in den 1930er bis 1950er Jahren, um den Cortex neurochirurgischer Patienten zu kartografieren. Ihm verdanken wir folgende Abbildung (s. Abb. 17, rechts). Wie wir sehen, werden jene Körperregionen, die sehr differenzierte und wichtige Sinneseindrücke wahrnehmen, wie die Finger oder das Gesicht, durch sehr viele Neurone repräsentiert (großes Gebiet), während Regionen wie Rumpf, Arme und Beine, die weniger empfindlich sind, weniger Neurone aktivieren (kleineres Gebiet). Beim Menschen entsteht auf diese Weise das Bild eines „Homunculus“ mit absurd großem Kopf und Händen. Die somatosensorischen Karten anderer Tierarten orientieren sich analog an der Wichtigkeit und Differenziertheit, mit denen einzelne Körperteile sensorische Informationen wahrnehmen, und können sich stark voneinander unterscheiden. Die großen Tasthaare (Vibrissen) an der Schnauze von Nagetieren sind beispielsweise in ihrem somatosensorischen Cortex durch sehr große Gebiete repräsentiert, während die einzelnen „Finger“ der Pfoten nur kleine Regionen aktivieren.

Die Mehrheit der Reize aus dem somatosensorischen System gelangt jedoch nie bis zum Thalamus oder gar bis in den somatosensorischen Cortex. Sie werden unbewusst von tiefer gelegenen Hirnregionen, teils schon auf Rückenmarksebene, und über Hirnstamm und Mittelhirn bis hinauf zum Kleinhirn verarbeitet. Auf diesen Wegen können somatosensorische Reize unabhängig von ihrer bewussten Wahrnehmung Einfluss auf die Motorik nehmen.

## MOTORIK

Die Motorik umfasst alle neuronalen Systeme und Schaltkreise, welche Muskeln steuern, die den Organismus am Leben erhalten, ihm Bewegung im Raum ermöglichen und Ausdrucksverhalten hervorbringen. Alle Verhaltensprobleme haben ihren Ursprung im Verhalten des Hundes. Um zu verstehen, wie man Verhalten modifizieren kann, ist es wichtig zu verstehen, wie es überhaupt entsteht und welchen Steuerungsmechanismen es unterliegt. Mit diesen Steuerungsmechanismen wollen wir interagieren und sie durch Lernen verändern.

Die unmittelbare Lebenserhaltung erfolgt hauptsächlich durch glatte Muskulatur, u. a. durch Muskeln der Blutgefäße, des Herzens, der Verdauungsorgane, etc. Diese werden vom vegetativen Nervensystem mit seinen beiden Anteilen, Sympathikus und Parasympathikus gesteuert. Das Ausmaß der willentlichen und bewussten Steuerung ist extrem begrenzt und kann höchstens indirekt erfolgen, z. B. mithilfe bestimmter Atem- und Entspannungstechniken (s. Kapitel 7). Bewegung im Raum sowie Ausdrucks- und Kommunikationsverhalten werden dagegen überwiegend durch quergestreifte Muskulatur ermöglicht (Skelettmuskulatur). Diese Muskeln lassen sich willentlich und bewusst ansteuern (Willkürmotorik). Ausnahmen bilden z. B. die Pupillenmuskeln, bei denen es sich um glatte Muskulatur handelt. Sie steuern die Größe der Pupille und liefern damit auch einen Beitrag zum Ausdrucksverhalten, sind jedoch nicht willentlich steuerbar.

## Was bewegt eigentlich den Hund, sich zu bewegen?

Bewegung um ihrer selbst willen gibt es auf der willkürlichen Verhaltensebene nicht. Jedes Verhalten eines Tieres oder Menschen verfolgt ein bestimmtes Ziel. Aber wer legt die Ziele fest, wer plant die Bewegungen und gibt den Befehl, sie durchzuführen? Es mag uns so erscheinen, als gäbe es ein „Ich", eine „Persönlichkeit", die die Entscheidungen trifft. Auf neurobiologischer Ebene finden wir jedoch wieder nur elektrische und chemische Signale, die in verschiedenen Hirnregionen in komplexen Schaltkreisen miteinander interagieren. Nirgendwo wird dies deutlicher als im motorischen System, welches bei Menschen und Tieren bereits sehr gut erforscht ist.

### Präfrontaler Cortex

Es gibt im präfrontalen Cortex große Areale, die beim Setzen von Zielen, dem Treffen von Entscheidungen, der Planung von Handlungen und dem Antizipieren der Folgen dieser Handlungen aktiv sind.

Dazu kommunizieren sie mit Gedächtnisstrukturen, in denen vergangene Erfahrungen gespeichert sind. Ein großer Teil der Gedächtnisbildung bezieht sich darauf, zu lernen, welche Folgen eine Handlung für den Hund selbst, seine sozialen Beziehungen und seine Umwelt hatte. Die präfrontalen Areale kommunizieren bei der Entscheidungsfindung auch mit dem Belohnungssystem (mesolimbisches System), um zu prüfen, wie sich verschiedene antizipierte Konsequenzen „anfühlen". Auf diese Weise entsteht beispielsweise „Vorfreude", noch ehe überhaupt die zu planende Handlung durchgeführt wurde, geäußert oft durch freudiges Quietschen, Bellen und Springen.

Ausgelöst wird diese Zielsetzungs- und Planungsaktivität im präfrontalen Cortex u. a. von Rückmeldungen aus tieferen Hirnregionen, dass das Gleichgewicht des Körpers in Gefahr gerät (Homöostase), z. B. durch Abfall des Blutzuckerspiegels (Hunger), Abfall des Wasseranteils (Durst) und zu hohe oder tiefe Temperaturen. Wir fassen diese unterschiedlichen neurophysiologischen Zustände und ihre Regulation oft unter dem Begriff „Motivation" zusammen. „Motivation" ist nach einer Definition von Kandel ein hypothetischer innerer Zustand, der die Variabilität von Verhaltensreaktionen erklären soll. Manchmal nimmt der Hund ein angebotenes Leckerli und manchmal nicht. Diese Variabilität seiner Reaktion auf ein angebotenes Futter wird durch seine „Motivation" zu fressen erklärt. Neben Zwängen der Homöostase können u. a. auch sexuelle und soziale Bedürfnisse Handlungsbereitschaft hervorbringen. Diese werden von Hypothalamus und Hypophyse (Innenministerium des Körpers) beispielsweise mithilfe von Sexualhormonen und Oxytocin (Bindungshormon) geregelt.

Das „Belohnungssystem" (mesolimbisches System) ist entscheidend an der Regulation der Motivation beteiligt. Ein Anstieg des Dopaminspiegels am Nucleus accumbens, ausgehend von Neuronen im ventralen tegmentalen Areal (VTA, s. Abb. 10, Abb. 3, Abb. 9), geht einher mit der Erwartung von Lustgefühlen und einem inneren Verlangen (Craving), ein Abfall mit der Antizipation von Unlustgefühlen und dem Wunsch nach Vermeidung. Über diverse neuronale Schaltkreise, deren Entwicklung oft eine starke genetische Komponente aufweist, ist geregelt, welche Reize die Dopaminausschüttung am Nucleus accumbens bewirken können und damit Verhalten „motivieren“ (u. a. Futter, Wasser, sexuelle Stimulation, prosoziale Interaktionen wie Anerkennung und liebevolle Berührung). Die Erwartung solcher Reize löst normalerweise Verhalten aus, welches energieaufwendig ist, aber dem Überleben des Organismus selbst und seiner Art dient (Jagdverhalten, Fortpflanzung, Aufzuchtverhalten, altruistisches Verhalten etc.). Diese Reize können jedoch durch Lernprozesse mit anderen Reizen (fehl-)verknüpft werden und darüber auch dysfunktionales Verhalten hervorbringen, welches seinen durch die Evolution vorgesehenen Zweck nicht mehr erfüllen kann (z. B. Suchtverhalten, stereotypes Verhalten, andere Symptome psychischer Erkrankungen).

Schädigungen der präfrontalen Felder, welche Ziele und Verhalten planen, gehen oft mit der Unfähigkeit einher, die Folgen eigener Handlungen zu antizipieren, an die aktuelle Situation angepasste, sinnvolle Entscheidungen zu treffen, laufende Handlungen zu unterbrechen, Ziele und Handlungsstrategien anzupassen, wenn Umweltreize dies nahelegen (Perseveration, ausgeprägte „Sturheit“), sowie aus Fehlern zu lernen. Als Folge solcher Schädigungen kommt es zu automatischen (stark überlernten) und impulsiven Handlungen, die oftmals in der aktuellen Situation problematisch, weniger adaptiv oder schlicht dysfunktional sind.

### Posterior-parietaler Cortex

Der posterior-parietale Cortex liegt hinter dem primären somatosensorischen Cortex (s. Abb. 1). Er ist insbesondere an Bewegungen beteiligt, die durch sensorische Reize (visuell, akustisch, somatosensorisch) gesteuert werden. Dazu erhält er Informationen aus den sensorischen Rindenfeldern. Visuelle Informationen stammen u. a. aus der Area MT (Wo-Bahn, Reaktion auf bewegte Reize, s. Kapitel 3). Schädigungen des posterior-parietalen Cortex führen zu Störungen des Körperbildes und der räumlichen Aufmerksamkeit. Betroffene Patienten ignorieren z. B. eine Raumhälfte und eine eigene Körperhälfte vollständig (Neglect-Syndrom). Das mentale Körperbild und die Kenntnis der eigenen Position im Raum sind wesentlich für die Steuerung von Bewegungen im Verhältnis zur Umgebung.

Im posterior-parietalen Cortex findet die räumliche Planung von Bewegungen statt, während der präfrontale Cortex eher für die abstrakte Planung von Bewegungen unter Berücksichtigung der Ziele und Bedürfnisse zuständig ist. Beide Areale sind eng miteinander vernetzt und senden ihre Ausgangssignale an das prämotorische Areal und den primären Motorcortex.

### Prämotorisches Areal und supplementär-motorisches Areal

Während der präfrontale und posterior-parietale Cortex die *Art* der gewünschten Handlung codieren, liegen das prämotorische Areal (PMA, s. Abb. 1) und das supplementär-motorische Areal (SMA, s. Abb. 1) an der Schnittstelle, wo festgelegt wird, *wie* diese Handlung ausgeführt werden soll.

Die Hauptaufgabe des PMA ist die Planung komplexer Körperbewegungen. Wir erinnern uns daran, wie viele kleinste Muskeleinheiten jeweils räumlich-zeitlich präzise angesteuert werden müssen, um so eine einfache Bewegung wie einen Ballwurf durchzuführen. Um das zu leisten, muss ein komplexes Muster aus elektrischer Aktivität „programmiert" werden, dass jede Muskelfaser gezielt im richtigen Moment anspricht. Dieses Programm wird im PMA zwischengespeichert, bis von anderer Stelle ein „Startsignal" für die Bewegung erfolgt. Nach dem Startsignal sendet es seine Ausgangssignale an den primären motorischen Cortex und den Hirnstamm.

Das supplementär-motorische Areal spielt eine wichtige Rolle beim Erlernen von Bewegungsabfolgen. Auch bei nur vorgestellten Bewegungen und beim Beobachtungslernen ist diese Region aktiv, obwohl keine nach außen sichtbaren Bewegungen stattfinden. Beobachtet also ein Hund, der im Dogdancing trainiert wird, einen anderen Hund bei der Ausführung einer komplexen Bewegungsabfolge, lernt sein SMA diese Bewegungsabfolge latent mit. Dies zeigt sich im Training daran, dass er weniger Wiederholungen braucht, um sie fehlerfrei zu zeigen. Beobachtet ein junger Hund, wie ein älterer Hund mit den Pfoten eine Tür öffnet, kann er es später, wenn er eine Motivation findet, durch diese Tür gehen zu wollen, leicht nachahmen.

### Das Startsignal für die Bewegung

Das Startsignal für eine geplante und programmierte Bewegung kommt aus den Basalganglien. Über erregende und hemmende Bahnen sind die Basalganglien in einen Kreislauf eingebunden, der sie über den Thalamus mit dem SMA verbindet. Störungen der Funktion der Basalganglien führen u. a. zu Schwierigkeiten bei der Initiierung von Bewegungen und Bewegungsarmut (Hypokinese), etwa beim Parkinson-Syndrom. Am anderen Ende des Spektrums führen Erkrankungen wie Chorea Huntington zu Bewegungssteigerungen (Hyperkinesien). Intakte Basalganglien starten also nicht nur erwünschte Bewegungen, sondern filtern und unterdrücken auch spontane.

Der wichtigste Neurotransmitter in diesem System ist Dopamin, welches von Synapsen im Striatum (Teil der Basalganglien) ausgeschüttet wird, die von Neuronen der Substantia nigra ausgehen (Kerngebiet im Mittelhirn, s. Abb. 10). Ein Mangel an Dopamin durch Absterben der Neurone der Substantia nigra ist die Hauptursache für die Parkinson-Erkrankung. Wie wir sehen, ist Dopamin kein „Glückshormon", sondern ein Neurotransmitter mit vielfältigen Aufgaben, je nachdem, an welchen Hirnstrukturen er zur Signalübertragung eingesetzt wird. Medikamente und Substanzen (Gifte oder Drogen wie Nikotin), die aktivierend in das dopaminerge System eingreifen, können folglich Bewegungssteigerung, Unruhe und unspezifischen Bewegungsdrang auslösen.

Wie wir sehen, können neben psychischen, erziehungs- und haltungsbedingten Ursachen auch neuropsychologische Erkrankungen und Veränderungen zu „hyperaktivem" Verhalten führen.

## Das Kleinhirn als Dirigent der Bewegungen

Am Beispiel unseres Ballwerfers haben wir gesehen, dass die Muskeln seiner Arme, Finger, Schultern, Beine, seines Kopfes und seines Rumpfes sich nicht nur in die richtige Richtung und mit richtiger Kraft, sondern auch in der richtigen Reihenfolge bewegen müssen, d. h. zeitlich präzise aufeinander abgestimmt. Dafür ist das Kleinhirn zuständig.

### Die Funktionen des Kleinhirns

Störungen der Funktion des Kleinhirns (z. B. durch Schlaganfälle), führen dazu, dass die Muskelkoordination gestört ist und gezielte Bewegungen nicht mehr möglich sind (Ataxie). Es tritt ein Intentionstremor auf, d. h. ein Zittern der Muskeln bei beabsichtigten Bewegungen, nicht aber in Ruhe. Versucht der Patient, eine gezielte Bewegung durchzuführen, verstärkt sich das Zittern mit dem Versuch, die Fehler bei der Zielannäherung zu korrigieren. Er trifft dadurch zum Beispiel nicht mehr seine Nase mit dem Zeigefinger. Gliedmaßen werden nicht mehr sinnvoll gleichzeitig bewegt, sondern unkoordiniert nacheinander (Dyssynergie). Das Ausmaß der Bewegungen ist ebenfalls unangepasst, ähnlich wie nach starkem Alkoholgenuss, der ebenfalls zu typischer Unbeholfenheit mit überschießenden, ruckartigen, das Ziel verfehlenden Bewegungen führt (Dysmetrie). Offensichtlich stört Alkohol die Kleinhirnfunktion erheblich. Es treten daneben eine erhöhte Fallneigung und Schwankungen beim Stehen auf. Die Schrittfolge strebt oft taumelnd zu einer Seite (Gangataxie).

Die Funktionen des intakten Kleinhirns umfassen also u. a. die Feinabstimmung von Bewegungsentwürfen. Dazu empfängt es Eingangssignale von SMA, PMA, präfrontalem und posterior-parietalem Cortex, die eine Bewegungsabsicht codieren, und sendet seinerseits Ausgangssignale an den primären motorischen Cortex (s. Abb. 1) mit Befehlen über Bewegungsrichtung, -timing und -stärke.

Bei sehr schnellen Bewegungen basieren diese Befehle ausschließlich auf Vorhersagen, da somatosensorisches Feedback aufgrund des zu schnellen Ablaufs nicht integriert werden kann – wie bei unserem Ballwerfer. Diese Vorhersagen basieren auf früheren Lernerfahrungen mit ähnlichen Bewegungen. Forschungsergebnisse an Menschen und Tieren zeigen daher übereinstimmend, dass das Kleinhirn auch eine wichtige Rolle beim motorischen Lernen spielt und zwar insbesondere beim Erwerb automatisiert ablaufender Bewegungsmuster. Das Kleinhirn vergleicht die beabsichtigten Bewegungsmuster mit dem, was in der Vergangenheit bei so einem Bewegungsablauf geschehen ist. Entspricht das Ergebnis des Vergleichs nicht den Zielen der beabsichtigten Bewegung, modifiziert das Kleinhirn die Bewegung entsprechend.

## Motorisches Lernen

Der Erwerb neuer Bewegungsmuster (motorisches Lernen) verläuft in drei Phasen, die jeweils andere Lehrstrategien erfordern.

**(1) IN DER ERSTEN PHASE** benötigt man Aufmerksamkeit und Konzentration auf die neuen Bewegungsabläufe, die zunächst noch unkoordiniert und ungeschickt durchgeführt werden. Im ersten Stadium sind Ablenkungen daher unbedingt zu vermeiden. Auch Stress stört den Erwerb motorischer Fertigkeiten (kein Druck, auch kein Zeitdruck). Zunächst werden die groben Abläufe gelernt, erst später werden Parameter wie Stärke und Präzision angepasst und verfeinert. Gegen Ende der ersten Phase reduziert sich die Anzahl der Fehler, der Lernende macht offensichtlich gute Fortschritte. In der ersten Phase ist das Großhirn noch stark an der Bewegungsplanung beteiligt, was so viele kognitive Ressourcen bindet, dass man nichts „nebenbei machen" kann. Hat man zu spät mit dem Lernen angefangen, dann kann man einen Hund oder Menschen durchaus im ersten Stadium in Prüfungen und ggf. auch in Wettkämpfen vorstellen und mit relativ guten Ergebnissen rechnen, vorausgesetzt, dass Ablenkungen weitgehend ausgeschlossen werden können.

**(2) IN DER ZWEITEN PHASE** bilden sich bereits erste automatisch ablaufende Motorprogramme. Gleichzeitig versucht auch das Großhirn weiterhin, die Bewegung zu steuern. Es kommt zunehmend zu Konflikten zwischen bewusster Steuerung und unbewusst ablaufenden, automatischen Bewegungen. Die Fehleranzahl erhöht sich dadurch plötzlich, was sich natürlich negativ auf die Motivation des Lernenden auswirkt. Ein Hund – und auch viele Menschen – können nicht verstehen, warum es, nachdem es so gut begonnen hatte, auf einmal plötzlich so viele Misserfolge gibt. In dieser Phase kommt es aufgrund von zunehmender Frustration zu den meisten Abbrüchen des Erlernens neuer Bewegungsmuster, die nicht für das Überleben notwendig sind. Es kann in dieser Phase sinnvoll sein, den Halter über die Phasen motorischen Lernens aufzuklären und darauf hinzuweisen, dass die plötzlich steigende Fehlerzahl auf Fortschritt statt auf Rückschritt hinweist. Ein Lernerfolg, im Sinne eines zuverlässig und automatisch ablaufenden Bewegungsmusters, ist in greifbarer Nähe. Einen Hund kann man vorübergehend in diesem Stadium wieder häufiger belohnen und seine Motivation dadurch fördern, dass man ihn wieder mehr Erfolgserlebnisse haben lässt, indem man die Aufgabe vereinfacht. In der zweiten Phase sollte man einen Hund oder Menschen nicht auf Prüfungen oder Wettkämpfen vorstellen, da die Leistung im Vergleich zur ersten und dritten Phase auffallend geringer sein wird.

**(3) IN DER DRITTEN PHASE** haben sich die automatisch ablaufenden Bewegungsmuster durchgesetzt. Die Bewegungen sind fließend und präzise. Sie können jetzt unbewusst und ohne Aufmerksamkeit durchgeführt werden. Dadurch stehen kognitive Ressourcen zur Verfügung, um nebenbei andere Aufgaben durchzuführen, z. B. mit Sozialpartnern kooperativ zu kommunizieren. Ablenkungen und Stress führen nicht mehr notwendigerweise zu Fehlern oder zum Abbruch der Bewegung. Dies ist natürlich der beste Zeitpunkt, jemanden zur Prüfung oder zum Wettkampf zu schicken.

### Der primäre motorische Cortex

Der primäre motorische Cortex (s. Abb. 1) ist, ähnlich wie der benachbarte somatosensorische Cortex, wie ein Homunculus aufgebaut (s. Abb. 17, links), d. h. benachbarte Nervenzellen sind an der Steuerung benachbarter Muskelgruppen beteiligt. Auch diese somatotope Karte wurde zuerst von Penfield entdeckt, der mithilfe schwacher elektrischer Ströme die Hirnoberfläche von Epilepsiepatienten stimulierte. Dabei stellte er fest, dass elektrische Stimulation im Bereich des primären motorischen Cortex Zuckungen von Muskelgruppen der gegenseitigen Gliedmaßen auslöste. Schon 100 Jahre zuvor, im Jahre 1870, hatten Experimente an narkotisierten Hunden ähnliche Befunde erbracht. Auch diese somatotope Karte ist verzerrt, sodass Muskelgruppen, die zu sehr präzisen Bewegungen fähig sind (Hände, an der Mimik beteiligte Gesichtsmuskeln), durch mehr Neurone repräsentiert sind, als Muskelgruppen, die eher grobe Bewegungen durchführen (Ellenbogen, Zehen).

Der primäre motorische Cortex bekommt Eingangssignale von den Beteiligten der vorangegangenen Hierarchieebene und vom Thalamus, der Informationen vom Kleinhirn an ihn weiterleitet. Die Basalganglien liefern ihm das Startsignal für die Bewegungsausführung. Daraufhin sendet er seine Ausgangssignale zu verschiedenen Kerngebieten im Hirnstamm und über die sogenannte Pyramidenbahn (Tractus corticospinalis und Tractus corticonuclearis) zum Rückenmark. Dies führt letztlich zur Aktivierung der Motorneurone im Rückenmark und den motorischen Kerngebieten der Hirnnerven (III–VII, IX–XII). Deren Aktivität führt zu Muskelkontraktionen und damit zu sichtbarem – und manchmal problematischem – Verhalten.

KAPITEL 7

# STRESS, ERREGUNG UND SELBSTREGULATION

Wir haben schon in Zusammenhang mit den Emotionen Angst und Wut einen Überblick über potenzielle Stressoren gewonnen und ängstliches und aggressives Verhalten als Reaktion auf Stressoren genauer untersucht, aber wir haben bisher noch nicht darüber gesprochen, was Stress überhaupt ist, wie Erregung im Organismus zustande kommt und wie die Stressreaktion reguliert wird.

## STRESS

Ähnlich wie Emotionen wird Stress als Prozess betrachtet, der drei Aspekte umfasst:

1. einen Reiz (Stressor) bzw. ein Reizumfeld (Situation) mit Anforderungscharakter, die das Individuum wahrnimmt und mit denen es interagiert,
2. eine oft als unangenehm wahrgenommene Erlebenskomponente,

die meist mit Bewältigungsversuchen einhergeht und die kognitive Aspekte und affektive Komponenten enthält,
3. eine körperliche Reaktion, bei der der Organismus aus der optimalen Balance gebracht wird, als Ergebnis von Anstrengungen bei der Bewältigung der Anforderung (vegetative Komponente).

Die Stressreaktion hat sich im Verlauf der Evolution entwickelt und äußert sich in vergleichbaren Verhaltensmustern bei verschiedensten Tierarten. Sie wurde intensiv an Tieren erforscht, beginnend mit Walter Cannon in den 1930er Jahren (Fight or Flight) und später u. a. fortgeführt von Hans Selye (Idee der generalisierten Stressreaktion).

Der moderne Stressbegriff geht nicht mehr nur von schweren Bedrohungen als Stressoren aus. Die Forschung zeigt, dass jede Art von Belastung, die den Organismus zu einer Anpassungsleistung zwingt, die natürliche physiologische Stressreaktion auslösen kann. Damit ist Stress etwas sehr Alltägliches. Der damit verbundene Anstieg der Aktivität in den Organsystemen und die psychophysiologische Erregung sind jedoch oft nicht mehr hilfreich, da das damit vorbereitete offene Kampf-Flucht-Verhalten in den meisten Stresssituationen heutzutage keine angemessene Reaktion mehr ist. Stattdessen bringt die evolutionsbiologisch uralte Stressreaktion Hunde und Menschen heutzutage oftmals in noch größere Schwierigkeiten, etwa wenn wir hungrig beim Bäcker stehen und jemanden anschnauzen, der sich vordrängelt (Futteraggression trotz eines Überangebotes an Nahrung). Stress wird gesundheitsgefährdend, wenn Bewältigungsversuche erfolglos bleiben und/oder der Zustand des physiologisch-psychischen Ungleichgewichts über längere Zeit anhält (chronischer Stress).

Forschung zum stresstypischen Verhalten bei verschiedenen Tierarten zeigt übereinstimmend, dass sowohl reproduktives Verhalten

(Sexualität) als auch die Nahrungsaufnahme unter Stress zurückgestellt werden. Aus diesem Grund ist es schwierig, Hunde zur Aufnahme von Futter zu bewegen, wenn sie Angst haben oder impulsiv-reaktiv aggressiv (d. h. wütend) sind. Einen Hund, der große Angst bei der Begegnung mit einem fremden Menschen hat, mit Futter zu „bestechen“ oder zu beruhigen, kann daher ab einem bestimmten Ausmaß der Erregung nicht funktionieren, genauso wie man einen Rüden, der „heiße“ Aggression an der Leine bei der Begegnung mit fremden Rüden zeigt, nicht mit Futter „umlenken“ oder „ablenken“ kann. Auch gesundes Sexualverhalten und sexuelle Appetenz werden bei chronischem Stress (z. B. bei ungünstigen Haltungsbedingungen oder bei traumatisierten Individuen) nicht mehr gezeigt. Neben verminderter Sexualität und Zyklusstörungen kann sich suchtartiges Verhalten entwickeln, welches sich jedoch oft nur auf bestimmte Aspekte des Sexualverhaltens beschränkt und kompensatorisch zur Erregungsregulation durchgeführt wird (exzessives Aufreiten, „zwanghafte“ Beschäftigung von Rüden mit dem Urin von Hündinnen auf Spaziergängen, etc.). Auch das Bindungs- und Aufzuchtverhalten kann durch chronischen oder traumatischen Stress massiv beeinträchtigt werden, sodass die Elterntiere oder Bezugspersonen ihre eigentliche Aufgabe – den Nachwuchs im Angesicht von Stressoren zu beruhigen – nicht mehr gut erfüllen können. Unter anderem auf diesem Weg können Traumata von einer Generation an die nächste in Form von unsicheren Bindungserfahrungen weitergegeben werden.

Chronischer Stress führt bei vielen Tierarten zum Tod. Dies dient aus evolutionsbiologischer Sicht der Regulation der Populationsdichte, indem nicht nur die Reproduktion stressbedingt gedrosselt wird, sondern hierarchisch niedrigstehende Individuen eingehen. Ihr Körper verbraucht seine Reserven, sie magern ab, das Immunsystem bricht zusammen und sie sterben. Auch beim Menschen werden diese Zusammenhänge beobachtet. Chronischer Stress führt zur Reduzierung der Libido und des Sexualverhaltens, zu Entgleisungen des Stoffwechsels (Gewichtszunahme oder -abnahme) und zur Schwächung des Immunsystems (Psychoneuroimmunologie). Sollen dysfunktionale Reaktionen auf stressauslösende Reize im Rahmen von psychotherapeutischen Interventionen verändert werden, erfordert das meist langwierigere Prozesse kognitiver Umstrukturierung und Stressmanagement-Training. Die Patienten lernen dabei – ganz ähnlich wie Hunde –, die stressauslösenden Reize anders zu bewerten, anders mit ihnen umzugehen und ihre Erregung besser zu regulieren (Entspannungstraining).

Eine wichtige Rolle spielt dabei das Konzept der Selbstwirksamkeit. Es basiert ursprünglich auf einem Experiment an Hunden. Eine Gruppe von Hunden hatte die Möglichkeit, einem angekündigten elektrischen Schock durch einen Sprung in Sicherheit auszuweichen, eine andere Gruppe nicht. Diejenigen, die entkommen konnten, verhielten sich weiterhin normal. Die Hunde der anderen Gruppe entwickelten mit der Zeit schreckhaftes und depressives Verhalten. Sie kauerten sich antriebslos in ihren Käfigen zusammen und unternahmen auch später, als sie die Gelegenheit zur Flucht erhielten, kaum Anstrengungen mehr, den Elektroschocks zu entkommen. Daraus leitete Seligman 1975 das Konzept der „erlernten Hilflosigkeit“ ab. Die Erfahrung von Kontrollverlust und Hilflosigkeit scheint also – ähnlich wie bei Psychotraumata – ein entscheidender Faktor dafür zu sein, ob Stress adaptiv verarbeitet wird oder ernsthaft krank macht.

## DAS GESTRESSTE GEHIRN

Die körperliche Stressreaktion wird von zwei Systemen gesteuert (Stressreaktions-Achsen). Die erste Achse wirkt über Neurotransmitter auf das sympathische Nervensystem. Neurotransmitter sind schnell. Über diesen Weg erhalten wir innerhalb von Sekunden eine Stressantwort. Die zweite Achse wird durch die Hypothalamus-Hypophysen-Nebennierenrinden-Achse (HPA-Achse) gebildet und wirkt über Hormone. Hormone wirken langsamer, sie müssen sich erst mit dem Blutkreislauf im Körper ausbreiten. Die Antwort kommt also deutlich später, hält jedoch länger an.

Beide Achsen werden vom Hypothalamus kontrolliert (s. Abb. 19). Der Hypothalamus ist das „Innenministerium" des Körpers. Er ist eng mit dem vegetativen Nervensystem verschaltet und erhält fortlaufend Informationen über den sensorischen Input und den inneren Zustand des Körpers (Temperatur, Hormonkonzentrationen im Blut, Blutzuckerspiegel, etc.). Seine Aufgabe ist es, als oberstes Integrationsorgan die vegetativen Funktionen zu steuern, indem er u. a. für die Anpassung von Atmung, Kreislauf, Flüssigkeits- und Nahrungsaufnahme, Körpertemperatur und Reproduktionsverhalten sorgt. Die Fortsätze seiner Nervenzellen verlaufen zu Neuronen des sympathischen und parasympathischen Nervensystems und zum Hypophysenhinterlappen. Auf hormonellem Weg steuert der Hypothalamus den Hypophysenvorderlappen (HPA-Achse, s. Abb. 18).

Über einen dritten Weg wird mithilfe von Noradrenalin die Erregung des gesamten Nervensystems gesteigert (Unruhe).

### Das vegetative Nervensystem

Das vegetative Nervensystem wird von Sympathikus und Parasympathikus gebildet. Der Sympathikus steuert v. a. Aktivierungsvorgänge und steigert die körperliche Leistungsbereitschaft, wie es für Kampf- und Fluchtreaktionen notwendig ist. Er sorgt für die Leistungssteigerung in Reaktion auf Anforderungen (Stress) durch Anstieg der Atem- und Herzfrequenz, Verengung der Gefäßwände und Anstieg des Blutdrucks, Weitstellung der Bronchien, etc. Die sympathisch vermittelte Stressreaktion erfolgt u. a. mithilfe von Adrenalin und Noradrenalin, die vom Nebennierenmark gebildet und aufgrund von Signalen des Sympathikus in den Blutstrom geleitet werden. Beide Hormone wirken an vielen inneren Organen funktionssteigernd. Der sogenannte „sympathische Grenzstrang" (Truncus sympathicus) verläuft von der Schädelbasis bis zum Schwanz entlang der Wirbelsäule. Er steuert die Gefäßwände, Hautdrüsen (gestresste Hunde und Menschen riechen anders) und Brusteingeweide (Herz, Lunge, etc.).

Der Parasympathikus wirkt komplementär zum Sympathikus. Er fördert die Regeneration, die Erholung und den Wiederaufbau der Energiereserven. Zum Parasympathikus gehören die Kerngebiete im Hirnstamm, denen der Vagusnerv (Ncl. parasympathicus n. vagi X) entspringt, sowie weitere Kerngebiete im Hirnstamm, die mithilfe anderer Hirnnerven u. a. die Pupillen, Tränen- und Speicheldrüsen steuern. Der Vagusnerv steuert Herz, Bronchien, Verdauungsorgane und Harnleiter. Kerngebiete im Kreuzmark steuern unteren Dickdarm, Harnblase und Genitalien. In dieser Verschaltung wird deutlich, weshalb nur in der Entspannung (Aktivierung des Parasympathikus) Sexualität und Nahrungsaufnahme ungestört funktionieren, während Stress (Aktivierung des Sympathikus) diese hemmen.

### Die Stress-Hormon-Achse

Die Stress-Hormon-Achse wird nach ihrem englischen Namen (**H**ypothalamus-**P**ituitary-**A**drenocortical-Axis) auch im Deutschen allgemein als HPA-Achse bezeichnet. Es handelt sich um die Verbindung von Hypothalamus, Hypophyse und Nebennierenrinde, die zur Ausschüttung von Glukokortikoiden (Cortisol) führt.

Die Hypophyse sitzt unterhalb des Hypothalamus (s. Abb. 3 und Abb. 18). Mit ihrer Hilfe kann das Gehirn direkt in die hormonellen Regelkreisläufe des Körpers eingreifen und sie steuern. Im Hypothalamus, genauer im Ncl. paraventricularis, liegen Neuronengruppen, die keine Neurotransmitter bilden, sondern Hormone wie CRH (Kortikotropin-Releasing-Hormon). Das CRH gelangt, wenn diese Nervenzellen erregt werden, in einen Portalkreislauf. Das ist ein dichtes Netz aus Kapillaren, über welches das CRH in hoher Konzentration direkt in ein weiteres Kapillargebiet im Hypophysenvorderlappen geleitet wird, ohne zunächst den Körperblutkreislauf durchqueren zu müssen. Im Hypophysenvorderlappen liegen Zellen, die durch das CRH angeregt werden, ihrerseits ACTH auszuschütten (Adrenokortikotropes Hormon), welches mit dem Körperblutkreislauf zur Nebennierenrinde gelangt. Hier wird durch ACTH die Ausschüttung von Glukokortikoiden angeregt. Glukokortikoide, v. a. Cortisol, bilden eine Klasse von Steroidhormonen. Wie ihr Name andeutet, spielen sie eine wichtige Rolle im Glukosestoffwechsel für die Energiebereitstellung im Körper. Dafür werden auch Fette und Proteine in Glukose und Glykogen umgewandelt. Diese Proteine können aus Muskelzellen und dem Immunsystem stammen. Cortisol interagiert zudem dämpfend mit dem Immunsystem und hemmt Entzündungsreaktionen. Die Ausschüttung von Cortisol unterliegt circadianen Schwankungen, d. h. sie variiert im Tagesverlauf. Die höchste Ausschüttung von Cortisol erfolgt morgens kurz nach dem Aufwachen nach 30–45 Minuten (cortisol awakening response). Mit dem Blutkreislauf gelangt Cortisol zurück ins Gehirn und wirkt dort an verschiedenen Rezeptoren. So beeinflusst Cortisol Emotionen wie Angst und depressive Verstimmungen sowie kognitive Prozesse wie Lernen und Gedächtnisbildung.

CRH sorgt nicht nur für die Ausschüttung von ACTH und Cortisol, sondern stößt auch im Gehirn selbst Prozesse an, die für die Reaktion auf Stress von Bedeutung sind. Veränderungen der CRH-Konzentration führen zur Destabilisierung des Schlaf-Wach-Rhythmus und Veränderungen der Schlafphasen (s. Kapitel 8) und damit zu den für Stress typischen Schlafstörungen. Injiziert man im Tierversuch CRH direkt in das Gehirn, verändert sich das Verhalten der Tiere unmittelbar und zwar so wie in Anwesenheit von Stressoren. Die Tiere zeigten reduzierte Nahrungsaufnahme, verminderte sexuelle Aktivität, erhöhte Schreckhaftigkeit und Angst. Weitere Studien zeigen zudem, dass die Wirkung von CRH (und damit von Stress) auf Lernen und Gedächtnisbildung sehr komplex ist. Einzelne Injektionen von CRH fördern die Lernleistung. Chronischer Stress und damit einhergehende erhöhte CRH-Konzentrationen verschlechtern jedoch die Gedächtnisleistung.

Der hemmende Neurotransmitter GABA spielt eine wichtige Rolle bei der Regulation der CRH-Ausschüttung im Hypothalamus. An Ratten wurde gezeigt, dass Substanzen, die die GABA-Rezeptoren blockieren, zu einer erhöhten Cortisolreaktion auf Stress führen, während Substanzen, die an die GABA-Rezeptoren binden, die Stressreaktion dämpfen (Psychopharmaka wie Benzodiazepine, Alkohol).

Eingangssignale erhält der Hypothalamus u. a. aus dem limbischen System (Hippocampus, Amygdala) und aus dem präfrontalen Cortex. Der Hippocampus nimmt dabei eine besondere Rolle als „Bremssystem“ der HPA-Achse ein. Bestimmte Regionen des Hippocampus dämpfen die HPA-Achse als Reaktion auf vergangene Erfahrungen (Gedächtnis) und Kontextinformationen. An Ratten konnte gezeigt werden, dass Läsionen in bestimmten Teilen des Hippocampus zu gesteigerten Reaktionen auf psychischen Stress führten. Erhöhte

Cortisolkonzentrationen schädigen den Hippocampus auf Dauer, egal ob die Konzentrationserhöhung auf Erkrankungen wie das Cushing-Syndrom (Überproduktion von Cortisol) oder chronischen Stress und Traumafolgestörungen wie die posttraumatische Belastungsstörung (PTBS) zurückzuführen ist. Es sterben dabei auch gerade die Nervenzellen ab, die eine Bremswirkung auf die HPA-Achse ausüben. Chronischer und traumatischer Stress führen also gewissermaßen zur Abnutzung und Zerstörung der Bremsbeläge im Hippocampus. Die Gedächtnisbildung wird durch verkleinerte Hippocampi sowie durch stressbedingte Funktionsstörungen des Hippocampus ebenfalls beeinträchtigt, was zu den typischen Gedächtnisstörungen unter Stress beiträgt.

### Noradrenalin und Erregung

Noradrenalin wird nicht nur im Nebennierenmark, sondern auch von einigen Neuronen im Gehirn als Neurotransmitter gebildet. Einige Komponenten der psychischen Stressreaktion werden von diesen noradrenergen Neuronen vermittelt. Aus Tierexperimenten ist bekannt, dass verschiedene Stressoren eine gesteigerte Ausschüttung von Noradrenalin im Bereich des Hypothalamus und des Frontalhirns bewirken. Die Neurone, welche für die Ausschüttung des Noradrenalins zuständig sind, liegen im Hirnstamm in zwei bläulich gefärbten Kerngebieten (Locus coeruleus) auf beiden Seiten der Pons. Sie bestehen aus nur je ca. 12 000 Neuronen, senden jedoch ihre Axone und Synapsen fast ins gesamte Gehirn. Ihr Einflussgebiet umfasst die gesamte Großhirnrinde, Thalamus, Hypothalamus, Riechkolben, Kleinhirn, Mittelhirn und Rückenmark (s. Abb. 5). Ein einzelnes Neuron des Locus coeruleus kann über 250 000 Synapsen ausbilden. Die Verzweigung eines Axons kann in die Großhirnrinde ziehen, eine andere Verzweigung *desselben* Axons in die Kleinhirnrinde. Der Locus coeruleus ist entscheidend an der Steuerung von Aufmerksamkeitsprozessen und des Schlaf-Wach-Verhaltens beteiligt und spielt eine Rolle bei Lern- und Erinnerungsvorgängen, Angst- und Schmerzgefühlen sowie Stimmungen. Vor allem aber ist er in die Steuerung von Erregungszuständen eingebunden. Durch seine weite Verzweigung hat der Locus coeruleus Einfluss auf fast alle Hirnbereiche und damit auf fast alle Hirnfunktionen. Er erhöht als Reaktion auf interessante, neue und unerwartete Reize die Ansprechbarkeit der Großhirnrinde auf auffällige Reize und beschleunigt die Verarbeitung solcher Reize durch die sensorischen und motorischen Systeme.

Die Erregung des Gehirns spiegelt sich in den Bewusstseinszuständen, in der Hirnaktivität, wie sie im EEG beobachtet werden kann, und in der von außen sichtbaren motorischen Erregung (Unruhe) des Organismus wider. Die Übergänge zwischen den Erregungszuständen sind fließend, wir können sie jedoch in Stufen an Beispielen verdeutlichen: Erregung kurz vor einer wichtigen Prüfung oder im Angesicht lebensbedrohlicher Reize – hochkonzentrierte Wachheit in einem spannenden Schachspiel oder beim Anpirschen an ein Beutetier – Wachheit in einem verspielten Ringen mit Artgenossen – entspannte Wachheit beim Kuscheln auf der Couch – Zustände im Übergang von Wachen und Schlafen beim Dösen oder kurz nach dem Aufwachen – leichte Schlafstadien – tiefe Schlafstadien – Koma – Hirntod (Nulllinie im EEG).

Eingangssignale bekommt der Locus coeruleus u. a. von der Amygdala, sodass über diesen Weg Gefühle wie Angst oder Wut die typischen begleitenden Erregungszustände auslösen können. Umgekehrt kann eine gesteigerte unspezifische Erregung, z. B. durch körperliche Anstrengung, dazu führen, dass Stressoren Gefühle wie Angst oder Wut leichter auslösen können (s. Routen des GAM, Kapitel 5). Siehe Abb. 19: An der Stressreaktion beteiligte Systeme im Überblick

## ALTERNATIVVERHALTEN

Bei der Analyse von Problemverhalten wird in der Verhaltenstherapie ein sogenanntes SORK-Schema genutzt. Es umfasst eine Beschreibung der (**S**)ituation, in welcher das Verhalten auftritt, des (**O**)rganismus, der das Verhalten zeigt, der (**R**)eaktion des Organismus auf die Reizsituation und der (**K**)onsequenzen des Verhaltens. Das SORK-Schema hilft Therapeuten dabei, die Konsequenzen herauszufiltern, die im Sinne der operanten Konditionierung zur Aufrechterhaltung des problematischen Verhaltens beitragen und echtes Alternativverhalten vorzuschlagen.

Auf der Ebene der *Situationsvariablen* können wir u. a. die Stressoren betrachten, die als Auslöser des Problemverhaltens infrage kommen. Beispiele dafür finden wir in Kapitel 5 im Allgemeinen Modell der Aggression (GAM) bei den Situationsvariablen oder auch beim Thema Angst.

Die *Organismusvariablen* umfassen die Personenvariablen, aber auch die Persönlichkeit und relevante biologische Faktoren (wie Genetik, hormonelle Veränderungen, neurologische und andere Erkrankungen, etc.) und Umweltfaktoren (wie Biographie bzw. Lerngeschichte, Haltungsbedingungen, etc.).

Die *Reaktion* umfasst zum einen die sichtbare, motorische Verhaltensreaktion (oftmals „Problemverhalten" genannt) und zum anderen eben auch die kognitive, affektive und vegetative Reaktion des Organismus, also u. a. den Stress, der durch die Situation ausgelöst wird. Problematisch erscheinendes Verhalten darf daher niemals isoliert nur auf der Ebene des sichtbaren Verhaltens, welches durch die Willkürmotorik gesteuert wird, analysiert werden.

Angenommen, ein Yorkshire Terrier hat Angst vor der Annäherung größerer Hunde (S), weil er in der Vergangenheit schlechte Erfahrungen mit größeren Hunden gemacht hat, die ihn wie Beute gejagt haben (O). Seine „problematische" Reaktion (R) besteht darin, zu seinem Halter zu fliehen und von dort zu knurren, zu bellen und zu schnappen (Verhaltensebene: Flucht, defensive Aggression). Auf der kognitiven Ebene erlebt er geringe Selbstwirksamkeit und Abhängigkeit vom Halter („Alleine kann ich mich nicht verteidigen, bin ich hilflos"), auf der affektiven Ebene erlebt er Angst und Wut (gezeigt durch Flucht, defensive Aggression). Als Zeichen vegetativer Erregung können wir erhöhten Blutdruck und Puls, erhöhte Atemfrequenz, Einstellung der Verdauungstätigkeit (nimmt kein Futter an), möglicherweise Verlust von Urin, etc. beobachten.

Betrachten wir nun die *Konsequenzen* der Reaktion, wird deutlich, warum wir alle vier Ebenen einbeziehen müssen (Verhalten, kognitive, affektive, vegetative Reaktion). In unserem Beispiel nimmt der Halter den Hund auf den Arm und pöbelt, während er sich entfernt, den anderen Hundehalter an, er solle gefälligst seinen Hund anleinen. Der andere Halter pöbelt zurück, er solle stattdessen seinen Hund runterlassen, die würden das unter sich ausmachen. Er nimmt aber dennoch schließlich seinen Hund an die Leine und geht ebenfalls weiter. Der Yorkshire kläfft noch eine Weile vom Arm hinunter dem anderen Hund hinterher und beruhigt sich nach ungefähr einer Minute, woraufhin er von seinem Menschen heruntergelassen wird. Obwohl die ganze Sequenz, die seiner Flucht und defensiven Aggression gefolgt ist, viele aversive Elemente enthält, führt sie am Ende dazu, dass der andere Hund verschwunden ist und keine Gefahr mehr darstellt. Die positive Konsequenz aus Sicht des Yorkshire Terriers ist jedoch nicht das Verschwinden des anderen Hundes, sondern die Beruhigung, die daraufhin auf vegetativer und affektiver Ebene einsetzt

(„Erleichterung"), sowie das angenehme Gefühl von Selbstwirksamkeit („Indem ich zu ihm geflüchtet bin, konnte ich meinen Menschen dazu bringen, mich zu schützen.") und Sicherheit. Dieser Yorkshire Terrier hat für sich eine höchst effektive Bewältigungsstrategie gefunden, um mit dem Stressor „Annäherung eines anderen Hundes" umzugehen. Die dürfen wir ihm nicht einfach wegnehmen, ohne ihm eine gute Alternative anzubieten.

Ein echtes Alternativverhalten muss die affektive, kognitive und vegetative Reaktion miteinbeziehen und zu einem ähnlich befriedigenden Ergebnis wie das Problemverhalten führen – aus Sicht des Hundes. Der Yorkshire braucht auf der Verhaltensebene eine alternative soziale Strategie, die ihm freundliche Begegnungen mit fremden, größeren Hunden ermöglicht. Tritt das Problem mit vertrauten Hunden gar nicht auf und ist der Yorkie in der Lage, diese angemessen und freundlich zu begrüßen, verfügt er sogar schon über geeignete prosoziale Strategien. Dann muss er „nur" lernen, sie auf die Begegnung mit einem fremden Hund zu übertragen. Auf der kognitiven Ebene braucht er eine gesteigerte Selbstwirksamkeitserwartung, d. h., er muss durch Erfahrungen lernen, dass freundliches Verhalten dazu führt, dass ihm andere Hunde ebenfalls freundlich begegnen. Er braucht aber auch die Fertigkeit, die soziale Kompetenz und die Absichten anderer Hunde differenziert einzuschätzen. Dann kann er notfalls, falls sein Gegenüber doch nicht so freundlich reagiert, wieder auf seine alte und bewährte Strategie zurückgreifen und Schutz bei seinem Halter suchen, muss das aber nicht mehr stereotyp bei jeder Hundebegegnung tun. Wir ahnen, dass er dazu zunächst viele neue Erfahrungen sammeln muss. Auf emotionaler Ebene liegt eine klassische Konditionierung vor. Der Reiz „Annäherung eines fremden Hundes" löst die klassisch konditionierte emotionale Reaktion „Angst" aus, in der Nähe des Halters stattdessen „Wut". Auch auf dieser Ebene müssen therapeutische Interventionen ansetzen. Statt Angst und Wut soll der Yorkie ja den freudigen Wunsch verspüren, sozial Kontakt aufzunehmen, der sich letztlich im Alternativverhalten „freundliche und angemessene Begrüßung“ ausdrücken soll. Zuletzt löst der Reiz „Annäherung eines fremden, größeren Hundes“ vegetative Erregung aus, ebenfalls bereits klassisch konditioniert. Hier muss die Behandlung beginnen, indem der Yorkie lernt, sich zu beruhigen, ohne auf seine problematische Bewältigungsstrategie zurückzugreifen.

Das SORK-Schema hilft uns, die notwendigen Behandlungsschritte zu erkennen und in die richtige Reihenfolge zu bringen:

1. Beruhigung, Abklingen der Stressreaktion bei Annäherung fremder, größerer Hunde (Selbstregulation),
2. Auflösung der affektiven Reaktion von Angst und Wut, stattdessen freudiger oder neutraler Affekt,
3. gesteigerte Selbstwirksamkeitserwartung: „Ich kann durch mein Verhalten beeinflussen, wie andere Hunde reagieren; notfalls kann ich meinen Menschen dazu bewegen, mich zu schützen“,
4. Aufbau oder Übertragung von prosozialem Alternativverhalten in diese Situation („freundliche Begrüßung“).

Verhaltenstherapeutische Interventionen beginnen daher nicht beim Aufbau alternativer Verhaltensweisen auf der Ebene der Willkürmotorik, sondern am anderen Ende unserer Analyse, bei der unangemessenen Stressreaktion. Wie wir sehen, stellt die Selbstregulation und damit die Beherrschung der Stressreaktion oft den ersten Schritt beim Aufbau alternativer Verhaltensweisen dar. Das Abklingen der Stressreaktion nach dem problematischen Verhalten ist der wichtigste Verstärker für dieses Verhalten. Eine gelungene Selbstregulation in der problematischen Situation erhält diesen Verstärker aufrecht und verbindet ihn mit dem gewünschten alternativen Verhalten.

## SELBSTREGULATION UND BINDUNG

Die Systeme, welche Emotionen und Erregung regulieren, sind nach der Geburt bei Hunden und Menschen nur unzureichend entwickelt. Neugeborene und Kleinkinder sind impulsiv, können nicht abwarten, müssen alle Bedürfnisse sofort befriedigt bekommen und sind wenig in der Lage, die längerfristigen Konsequenzen ihres Verhaltens in Entscheidungen einzubeziehen. Kleine Stressoren wie Unbehagen durch zu warme Temperaturen, Hunger oder der Verlust einer Ressource (Kauknochen, Spielzeug) können massive Stressreaktionen und emotionale Ausbrüche auslösen. Vor allem können sich sehr junge Hunde und Menschen (Säuglinge, Welpen, Kleinkinder) nicht selbst beruhigen. Dazu sind sie auf die Interaktion mit ihren Bindungspartnern angewiesen. Das sind i. d. R. zunächst die Eltern(-tiere) und andere Bezugspersonen, die an der Aufzucht beteiligt sind und regelmäßigen und häufigen Kontakt zum Nachwuchs haben (Tanten, ältere Geschwister, Großeltern, gelegentlich auch nicht verwandte, aber im Haushalt lebende Artgenossen und die Menschen in der Familie, d. h. die Züchter). Da Hunde oft im Alter um die 8–10 Wochen von ihrer Mutter getrennt werden und in den Haushalt ihres zukünftigen Halters einziehen, entsteht auch hier i. d. R. eine sekundäre Bindung und der Mensch wird zur Bezugsperson.

Die neurobiologische Grundlage für die Bindung bildet u. a. das Hormon Oxytocin. Es wird – angeregt durch Neurone im Hypothalamus – im Hypophysenhinterlappen ausgeschüttet (s. Abb. 18). Seine Wirkungen auf den Körper betreffen v. a. die Geburt und den Milchfluss. Auf der psychischen Ebene führt die Gabe von Oxytocin zu Stärkung der Bindung, zur Förderung von Empathie, Vertrauen, Liebe, Ruhe und Entspannung. Oxytocin wird besonders bei männlichen Individuen in hoher Konzentration nach dem Orgasmus ausgeschüttet und bewirkt eine Steigerung der Treue. Bei Tierarten wie Bergwühlmäusen, die normalerweise als Einzelgänger wenig Bindungsverhalten zeigen, steigt die Dichte der Oxytocinrezeptoren im Gehirn während der Aufzucht des Nachwuchses bei der Mutter an und fällt mit dem Auszug der Jungtiere wieder ab. Berührungen, Stillen und der Anblick und Geruch des Nachwuchses bzw. der Mutter lösen wechselseitig ebenfalls Oxytocinausschüttung aus. Oxytocin wirkt beruhigend und dämpft die Stressreaktion, sodass der Nachwuchs Nahrung aufnehmen kann.

Im Rahmen einer gesunden und sicheren Bindung übernimmt zunächst die erwachsene Bezugsperson im Rahmen der Co-Regulation die Aufgabe, dem Nachwuchs beim Umgang mit Erregung und Emotionen zu helfen. Dazu nimmt sie Kontakt mit ihrem Nachwuchs auf, sodass beide sich wechselseitig wahrnehmen können. Sie spiegelt zunächst das Ausdrucksverhalten ihres Kindes, woraufhin das Kind beginnt, das Ausdrucksverhalten der Bezugsperson zu spiegeln. Dieser Mechanismus der gegenseitigen Nachahmung funktioniert auch über Artgrenzen hinweg und läuft weitgehend unbewusst ab (Stimmungsübertragung). Beide, Bezugsperson und Kind, sind jetzt in wechselseitiger Übereinstimmung, was ihre Erregung und ihre Emotionen betrifft. Die erwachsene Bezugsperson verfügt jedoch bereits über ausgereifte neuronale Systeme zur Regulation und Selbstberuhigung. Indem sie sich selbst kontinuierlich in der Interaktion beruhigt, spiegelt das Kind auch die zunehmend ruhigere Mimik und den ruhigeren Ausdruck und findet dadurch zur Selbstberuhigung und in ein psychisches Gleichgewicht zurück. Die Oxytocinausschüttung im Rahmen dieser sehr innigen Kommunikation trägt dazu bei, die Stressreaktion auf neuronaler Ebene weiter zu dämpfen.

Dieser Mechanismus der Beruhigung über empathische und tröstende soziale Interaktion bleibt bis ins Erwachsenenalter intakt. Daher ist die Beziehung zwischen Hund und Mensch bei der Behandlung von Verhaltensproblemen so entscheidend, wie uns u. a. die Psychotherapieforschung am Menschen zeigt. Wir haben im letzten Abschnitt gesehen, dass die Behandlung von stressbedingtem Problemverhalten damit beginnen muss, die Kompetenz der Selbstregulation zu stärken. Die Voraussetzungen dafür liegen in intakten Bindungsprozessen und stabilen sozialen Beziehungen.

Wurden diese Bindungsprozesse in der frühen Welpenphase nicht so gestaltet, dass sich eine sichere Bindung zur Mutterhündin und zum Züchter entwickeln konnte, fehlt dem Individuum oft lebenslang die Fähigkeit zur angemessenen Selbstregulation. Bei sogenannten „Deprivationsschäden" (Hospitalismus) fällt das sofort auf. Die mangelnde Selbstregulation kann jedoch auch lange unentdeckt bleiben, bis chronischer Stress oder besondere Belastungen für eine Dekompensation der Bewältigungsstrategien und der neuronalen Mechanismen sorgen, mit denen sich das Individuum bislang unauffällig über Wasser gehalten hat. Aufgrund der neuronalen Umbauprozesse während der Pubertät ist dies beispielsweise eine Zeit, in der das Individuum Stress nicht mehr so gut kompensieren kann wie früher, da allgemein die Fähigkeit zur Impulskontrolle und Steuerung von Emotionen und Erregung eingeschränkt ist – ähnlich wie bei Frontalhirnpatienten. Dies ist einer der Gründe, warum viele Verhaltensauffälligkeiten und psychische Erkrankungen erstmals in der Pubertät einsetzen. Auch im mittleren Erwachsenenalter kommt es oft zu einem Anstieg stressbedingter Verhaltensauffälligkeiten, wenn die Anforderungen durch lebenslangen, chronischen Stress aufgrund der Abnutzung der neuronalen Regulationsmechanismen nicht mehr kompensiert werden können („Das hat er ja noch nie gemacht!").

KAPITEL 8

# BIORHYTHMEN, RUHE UND SCHLAF

Warum schlafen wir? Im letzten Kapitel haben wir gesehen, dass Stress einen Organismus töten kann. Dabei wollen wir bei einer Stressreaktion eigentlich gar nicht viel, nur ein bisschen mehr Energiebereitstellung für noch ein bisschen längere Zeit. Offenbar ist das jedoch zu viel verlangt. Aktivität in Form von chemischer und mechanischer Arbeit lässt sich im Nervensystem, den Muskeln und den Organen nur aufrechterhalten, indem Energieträger (Adenosintriphosphat, ATP) verbraucht werden. ATP ist der Brennstoff, mit dem alle Zellen laufen. Ist es verbraucht, muss es neu gebildet werden. Wird mehr verbraucht, als gebildet werden kann, verlangsamt die Zelle ihre Stoffwechselaktivität und stellt sie schließlich ein, wie ein absterbender Benzinmotor. ATP wird in den Mitochondrien der Zellen gebildet. Der ATP-Vorrat einer Muskelzelle genügt für eine maximale Kontraktion von 2–3 Sekunden. Mithilfe von Kreatin können die Mitochondrien sehr kurzfristig weiteres ATP bilden und der Muskelzelle zur Verfügung stellen, doch auch die Kreatinvorräte sind nach weiteren 6–10 Sekunden erschöpft. Dann greifen die Mitochondrien auf andere Energiequellen zurück, aus denen ATP gebaut werden kann: Fette, Kohlenhydrate und notfalls Proteine. Um sich Nährstoffe zuzuführen, müssen alle Tiere weitere Energie für Nahrungsbeschaffung und -aufnahme aufwenden. Proteine, Fette und Kohlenhydrate werden nur langsam zu ATP verstoffwechselt und nur, wenn genügend Sauerstoff zur Verfügung steht. Maximale Leistung kann damit nicht mehr erreicht werden. ATP – und damit Energie – ist also kostbar und daher müssen alle Organismen auf diesem Planeten mit ihrer Energie sparsam umgehen.

## ALLE TIERE SCHLAFEN

Wir können die Frage, warum Tiere schlafen, auch aus einer anderen Perspektive stellen: Warum sind Tiere wach und aktiv? Vergleichen wir die Schlafdauer verschiedener Tierarten, fällt auf, dass viele Arten weit mehr als die Hälfte ihres Lebens schlafend, ruhend oder anderweitig inaktiv verbringen. Je schneller der Stoffwechsel einer Tierart läuft und je energieärmer ihr Futter ist, desto weniger Zeit verbringen die Tiere schlafend und sind stattdessen mit Nahrungssuche und -aufnahme beschäftigt. Von dieser Perspektive aus können wir auch den Ruhezustand als eigentlichen Grundzustand betrachten, von dem ein Organismus nur abweicht, um sich bestimmte Bedürfnisse zu erfüllen, die sein Überleben und das der Spezies sichern. Danach versinkt er wieder in den Standby-Modus.

Schlaf und Ruhe sind kein Luxus, den sich nur Faulpelze und Langschläfer gönnen, sondern überlebensnotwendig. Hält man Versuchstiere über mehrere Tage vom Schlafen ab, sterben sie. Der Versuch, ein Tier oder einen Menschen vom Schlafen abzuhalten, erfordert jedoch Tag für Tag drastischere Maßnahmen. Da Schlaf so wichtig für den Organismus ist, steigt der sogenannte „Schlafdruck" mit zunehmender Wachzeit an und wird schließlich so übermächtig, dass man auch unter äußerst ungünstigen Umständen einschläft. Schlaf und Ruhe gehören also zu den physiologischen Grundbedürfnissen.

Statt zu fragen, weshalb wir im Schlaf bewusstlos werden, können wir auch diese Frage umdrehen und fragen, wozu wir eigentlich im Wachzustand ein Bewusstsein haben. Die ausführliche Antwort suchen wir in Kapitel 9. Die kurze Antwort lautet: um Entscheidungen zu treffen, die nicht mithilfe von genetischen und durch implizites Lernen erworbenen Automatismen getroffen werden können. Im Ruhezustand brauchen wir kein Bewusstsein, da wir keine komplexen Entscheidungen treffen müssen. Sich von einer Seite auf die andere zu drehen, funktioniert offenbar auch ohne Bewusstsein ganz gut. Dennoch erwacht unser Bewusstsein auch während des Schlafes immer wieder – Säugetiere träumen. Man vermutet, dass dies dem Überleben und der Verknüpfung von Nervenzellen dient, die durch lange Inaktivität ohne Input geschädigt werden würden, sowie der Festigung von Lerninhalten.

Statt zu fragen, warum wir schlafen, können wir auch fragen, *wozu* wir schlafen. Welche Prozesse laufen hauptsächlich im Schlaf ab, die im Wachzustand nicht oder nicht in demselben Ausmaß stattfinden?

Aus der Forschung an Neugeborenen wissen wir, dass wichtige Hirnreifungsprozesse ausschließlich im Schlaf stattfinden, daher schlafen junge Organismen mehr als ältere. Auch auf die Gedächtnisbildung wirkt sich Schlaf förderlich aus, wie Experimente u. a. an Ratten und Menschen übereinstimmend zeigen. Kann man unmittelbar nach einem Lerndurchgang schlafen, verbessert sich die Lernleistung im Vergleich mit Artgenossen, die nicht schlafen durften, erheblich. Träumt man auch noch von den Lerninhalten, verbessert sich die Gedächtnisbildung teilweise um das Zehnfache.

Im Schlaf werden die Energiespeicher (ATP) wieder aufgefüllt und zwar dort im Gehirn, wo im vorangegangenen Wachzustand besonders viel Energie verbraucht wurde. Dazu haben wir besondere Rezeptoren im Gehirn (Adenosinrezeptoren), die auf die Abbauprodukte von ATP reagieren, indem sie uns müde und erschöpft werden lassen, sodass wir das Bedürfnis verspüren, uns auszuruhen. Aufgrund kultureller Entwicklungen ist es in Deutschland und einigen anderen Ländern jedoch nicht sozial akzeptiert, sich jederzeit auszuruhen, wenn man das Bedürfnis dazu verspürt – oder gar so lange zu schlafen, bis man von alleine und ohne Wecker erwacht. Also tricksen wir diese Adenosinrezeptoren im Gehirn aus, indem wir Koffein zu uns nehmen. Koffein ist die am häufigsten konsumierte, psychopharmakologisch aktive Substanz. Es bindet an die Adenosinrezeptoren, aktiviert sie jedoch nicht. Dadurch finden die „echten" ATP-Abbauprodukte keine freien Rezeptoren und können das Signal für Erschöpfung und die Drosselung der Leistung nicht senden. Die Zelle arbeitet unermüdlich weiter, merkt aber schnell, das etwas nicht stimmt. Kompensatorisch wird die Anzahl der Adenosinrezeptoren erhöht, sodass wir mehr und mehr Koffein konsumieren müssen, um denselben anregenden Effekt zu verspüren. Diesen Prozess nennt man „Toleranzentwicklung". Er setzt bereits ein bis zwei Wochen nach Beginn des regelmäßigen Koffeinkonsums ein. Glücklicherweise können Hunde keinen Kaffee kaufen, dennoch müssen wir darauf achten, dass sie genug schlafen.

Die Ausschüttung von Wachstumshormonen (Somatropin) aus dem Hypophysenvorderlappen (s. Abb. 18) findet ebenfalls fast ausschließlich im Schlaf statt. Wie der Name sagt, ist Somatropin essenziell für ein normales Wachstum. Wachstumshormone sind daneben auch verantwortlich für notwendige Reparaturprozesse auf Zellebene und sie greifen in den Zucker- und Fettstoffwechsel ein. Verdauungsvorgänge sind ebenfalls an Ruhe- und Entspannungsphasen gebunden und finden vermehrt nachts statt. Zellteilungsprozesse finden am häufigsten in den späten Nachtstunden statt und auch die Reparatur und Regeneration von Nervenzellen auf molekularer Ebene findet im Schlaf statt. Daneben werden Stoffwechselabbauprodukte und fehlgefaltete, giftige Proteine, die sich im Gehirn tagsüber ansammeln, nachts abtransportiert.

## DIE SCHLAFPHASEN

Hunde schlafen im Schnitt ca. 10 Stunden, andere Quellen sprechen von 12–14 Stunden pro Tag. Der Mensch braucht durchschnittlich 7–9 Stunden Schlaf pro Tag, also mindestens drei Stunden weniger als Hunde, wobei es sowohl bei Hunden als auch bei Menschen große interindividuelle Unterschiede gibt. Würden Hunde uns während unserer wachen Stunden die ganze Zeit begleiten und von uns beschäftigt werden, würden die meisten von ihnen jedoch innerhalb kurzer Zeit ein beträchtliches Schlafdefizit anhäufen, das ähnliche schädliche Folgen hat wie bei Menschen. Studien zeigen, dass Hunde in ruhiger Umgebung tagsüber mehr schlafen als in aktiver, lauter und anregender Umgebung. Das Schlafverhalten ist auch von der Rasse abhängig. So haben beispielsweise kleinere Hunde häufigere, aber kürzere REM-Schlafphasen als große Hunde. Auch das Alter spielt eine Rolle. Sehr junge und sehr alte Hunde schlafen mehr als ihre Artgenossen. Die Schlafphasen von Welpen sind zudem wie bei Säuglingen noch fragmentiert, daher schlafen sie nicht durch wie Erwachsene.

Die Schlafphasen von Hunden sind identisch mit denen des Menschen und anderer Säugetiere. Am sichersten lassen sich verschiedene Schlaf- und Wachzustände unterscheiden, indem man ein EEG von der Kopfoberfläche ableitet. Das Muster der Hirnaktivität ist über verschiedene Tierarten hinweg charakteristisch für verschiedene Schlafzustände. Interessanterweise wurde dabei entdeckt, dass es Tierarten gibt, bei denen jeweils abwechselnd nur eine Hirnhälfte schläft, während die andere wach bleibt und weiter auf Reize reagiert. Wie wir im letzten Kapitel zum Thema Bewusstsein diskutieren werden, unterstreicht dies die Frage danach, ob nicht jede Hirnhälfte ein eigenes Bewusstsein hat.

Jeder hat vermutlich schon einmal die übereinanderliegenden Wellen gesehen, die bei EEG-Ableitungen aufgezeichnet werden. Die Anzahl der Wellenberge pro Sekunde wird in Hz (Schwingungen pro Sekunde) angegeben und beschreibt die Frequenz der Wellen. Die Frequenzbänder werden klassifiziert nach folgendem Schema:

1. Deltawellen: 0,5–3 Hz
2. Thetawellen: 4–7 Hz
3. Alphawellen: 8–13 Hz
4. Betawellen: 14–30 Hz
5. Gammawellen: 31–60 Hz

Im Wachstadium finden wir im EEG abwechselnd Aktivität im Beta- und Alphaband. Das Auftreten von Alphawellen hängt zusammen mit leichter Entspannung und geschlossenen Augen. Das Öffnen der Augen führt zur Alphawellenblockade. Unmittelbar vor dem Einschlafen sind fast nur noch Alphawellen zu sehen.

**IM 1. SCHLAFSTADIUM** nach dem Einschlafen („N1" genannt) findet der Übergang zwischen Schlafen und Wachen statt. Es handelt sich um ein sehr leichtes Schlafstadium, in dem Weckreaktionen leicht ausgelöst werden können. Die Aktivität im Alpha- und Betaband ist nur noch gering, Thetawellen treten erstmals auf. Von außen lassen sich langsam rollende Augenbewegungen beobachten.

**IM 2. SCHLAFSTADIUM** (N2) treten noch immer Thetawellen auf, dazu kommen sogenannte „Schlafspindeln" und „K-Komplexe", die den vollständigen Übergang in den Schlafzustand kennzeichnen. Schlafspindeln sind kurze Sequenzen im EEG von 0,5–1 Sekunde Dauer, bei denen Wellen von 12–14 auftreten. Sie treten auch in Stadium 3 und 4 auf, nicht jedoch im REM-Schlaf. Man vermutet, dass Schlafspindeln die reduzierte Reaktionsbereitschaft des Cortex auf externe Reize markieren. Damit bilden sie insbesondere im 2. Stadium, in dem sie vermehrt auftreten, einen Schutz gegen das Aufwachen aufgrund von störenden äußeren Reizen. Bei uns selbst können wir das beobachten, wenn wir mit einem Hörbuch einschlafen. Ab einem gewissen Zeitpunkt werden wir „taub" für den Sprecher und bekommen ganze Sequenzen nicht mehr mit, obwohl wir subjektiv vielleicht das Gefühl haben, noch wach zu sein. Dies ist besonders gefährlich, wenn wir z. B. am Steuer einschlafen. K-Komplexe sind scharfe Wellenformen, die plötzlich eingestreut im EEG auftreten, ungefähr einmal pro Minute. Sie sind nur in N2 zu finden. Sie treten besonders als Reaktion auf akustische Reize auf, wobei ihre Amplitude (Wellenhöhe) mit der Reizintensität ansteigt.

**IM 3. UND 4. SCHLAFSTADIUM** (beide N3 nach neuerer Klassifikation) treten mit den Deltawellen die langsamsten Schwingungen im Cortex auf. Das Gehirn arbeitet jetzt sehr synchronisiert, reagiert also nicht mehr auf Eingangssignale mit spezifischer, desynchronisierter Aktivität in einzelnen Hirnregionen. Das Gehirn ist im Tiefschlaf. In diesem Stadium ist der Schläfer nur schwer weckbar.

**IM REM-STADIUM** ist das EEG dem der Phase N1 sehr ähnlich. Es ist sehr hochfrequent mit Aktivität im Beta- und Gammaband. Den Namen hat die Phase von den schnellen Augenbewegungen erhalten, die hier auftreten (rapid-eye-movement). Die Augenbewegungen dauern selten länger als 20 Sekunden an, treten also nicht ununterbrochen auf. Anders als früher angenommen, geht man heute davon aus, dass es sich nicht um Augenbewegungen handelt, die durch das Verfolgen von visuellen Reizen im Traum ausgelöst werden. Auch im REM-Schlaf ist es schwer, den Schläfer zu wecken. Da die EEG-Aktivität jedoch der im Wachzustand ähnelt, erscheint dies paradox, weswegen der REM-Schlaf auch „paradoxer Schlaf" heißt.

Während des Schlafes wird der Muskeltonus herabgesetzt (Atonie). Insbesondere im REM-Schlaf werden Bewegungsimpulse stark gehemmt und die Muskeln sind vollkommen erschlafft. Die Atemmuskulatur funktioniert noch, jedoch nur minimal. Es gibt eine Schlafstörung, bei der der Organismus erwacht, die Muskellähmung jedoch nicht aufgehoben und daher bei vollem Bewusstsein erlebt wird. Das Individuum kann sich nicht bewegen und hat aufgrund der eingeschränkten Atmung den Eindruck, etwas würde ihm die Brust zusammendrücken und es bekäme nicht genug Luft. Manchmal treten zusätzlich visuelle, akustische oder taktile Halluzinationen auf. Diese Erfahrung kann große Ängste auslösen, ist jedoch an sich harmlos. Durch die Atonie können Trauminhalte normalerweise nicht ausagiert werden. Das Gehirn ist sowohl von sensorischem Input abgeschnitten als auch von der motorischen Verbindung zur Außenwelt. Es interagiert nur noch mit sich selbst in einer selbst geschaffenen, weitgehend abgeschotteten Innenwelt. Bei bestimmten Schlafstörungen und manchmal auch bei gesunden Individuen wird diese Muskelinaktivierung außer Kraft gesetzt, sodass die Schläfer sich im Traum bewegen, schlafwandeln oder lautieren bzw. sprechen können. Dabei klingt die Stimme oft unnatürlich verändert, da der Muskeltonus nicht normal ausgeprägt ist (z. B. hohes Wuffen bei schlafenden Hunden).

Die Schlafphasen wechseln sich in einem für die jeweilige Tierart charakteristischen Muster ab, wobei in einer Nacht sämtliche Schlafphasen mehrfach periodisch durchlaufen werden. Es ist auch nicht ungewöhnlich, dass mehrere Weckperioden erlebt werden, in denen der Schläfer kurze Zeit wach ist und gleich darauf wieder einschläft. Meistens erinnern wir uns am nächsten Morgen nicht einmal daran. Es erwachen auch nicht immer alle Hirnteile gleich schnell. Während ein Hirnteil schon über die motorischen Systeme den Körper in die Küche zum Kaffeeautomaten bewegt, kann ein anderer Hirnteil noch schlafen und nur zusammenhanglose Wörter von sich geben. Meist erwachen jedoch innerhalb weniger Minuten auch die übrigen Hirnareale.

## NEUROBIOLOGIE DES SCHLAFS

Das Schlafverhalten ist eingebettet in eine circadiane und saisonale Rhythmik, d. h. die Aktivität von Tieren unterliegt im Verlauf des Tages und der Jahreszeiten periodischen Schwankungen. Diese Aktivitätszyklen sieht man quer durch das gesamte Tierreich bei Fadenwürmern, Fischen, Reptilien, Insekten, Vögeln und Säugetieren.

### Melatonin und der Ncl. suprachiasmaticus

Verantwortlich für diese Rhythmik sind u. a. der Ncl. suprachiasmaticus (Kerngebiet im Hypothalamus oberhalb der Sehnervenkreuzung) und die Epiphyse (Zirbeldrüse). Die Epiphyse hat fast keine direkten Verbindungen zum übrigen Gehirn. Bei niederen Wirbeltieren wie Fröschen, Eidechsen oder Haien wird sie als „Scheitelauge“ oder drittes Auge bezeichnet und liegt so nahe an der Kopfoberfläche, dass sie Helligkeitsunterschiede direkt wahrnehmen kann. Bei Säugetieren wie Hunden und Menschen erhält sie die Information über die Helligkeit durch einen Umweg. Der Ncl. suprachiasmaticus wird durch auf die Netzhaut einfallendes Licht über eine monosynaptische Verschaltung stimuliert. Über eine weitere Verschaltung mit noradrenergen Neuronen des oberen Halsganglions wird dann die Epiphyse stimuliert. In der Epiphyse wird das „Zeitgeberhormon" Melatonin produziert und in den Blutkreislauf abgegeben und zwar in Abhängigkeit von den aktuellen Lichtverhältnissen, die im Tagesverlauf und saisonal periodisch schwanken. Die Melatoninkonzentration steigt mit beginnender Dunkelheit am Abend an und erreicht in den tiefen Nachtstunden den Höhepunkt. Mit der beginnenden Morgendämmerung sinkt der Melatoninspiegel und fällt bei Helligkeit stark ab (s. Abb. 6). Auch künstliches Licht beeinträchtigt die Melatoninproduktion – der Fernseher und das helle Smartphone stören nicht nur unseren Schlaf, sondern auch den unserer Hunde.

Die Melatoninproduktion ist abhängig vom Alter. In der Pubertät ist sie am höchsten, im Alter bis zu zehnmal geringer. Dies erklärt die unterschiedlichen Schlafbedürfnisse der Generationen.

Melatonin wird aus Serotonin gebildet. Störungen im Serotoninstoffwechsel können sich daher auch auf die Produktion von Melatonin auswirken, etwa bei mangelnder Verfügbarkeit von Tryptophan, einer Aminosäure, die mit der Nahrung aufgenommen und zu Serotonin umgebaut wird. Melatonin überwindet die Blut-Hirn-Schranke und kann daher leicht von außen durch Medikamente zugeführt werden.

## ARAS

Aus Untersuchungen an Menschen und Tieren war schon lange bekannt, dass Läsionen im Hirnstamm Schlaf und Koma verursachen können. In den 1940er Jahren untersuchte der italienische Neurophysiologe Moruzzi die neurobiologischen Grundlagen der Kontrolle von Wachen und Schlafen durch den Hirnstamm genauer. Er fand heraus, dass Läsionen im Hirnstamm nahe der Mittellinie einen Zustand auslösten, der dem REM-Schlaf ähnelte. Eine elektrische Stimulation der Mittelhirnhaube (Tegmentum mesencephali) führte dagegen zu einer Umwandlung des langsamen, synchronisierten EEGs des Non-REM-Schlafes in einen Zustand, dessen EEG dem Wachzustand ähnlich war. Er nannte diese diffuse Region im Mittelhirn „aufsteigendes retikuläres aktivierendes System" (ARAS). Heutzutage wissen wir, dass Moruzzi mit seinen Läsions- und Stimulationsexperimenten verschiedene Gruppen aufsteigender Kerngebiete getroffen hatte, die in der Formatio reticularis liegen, darunter den Locus coeruleus, der mit dem Neurotransmitter Noradrenalin direkt die Aktivität der Großhirnrinde steigern kann. Die Raphe-Kerne, die Serotonin als Neurotransmitter produzieren, ziehen mit ihren Fortsätzen ebenfalls in weite Teile des Gehirns (s. Abb. 4). Serotonin, welches im Gehirn hauptsächlich in den Raphe-Kernen gebildet wird, moduliert u. a. die Aktivierung im limbischen System und nimmt so Einfluss auf emotionale Prozesse, wirkt jedoch auch hemmend auf Strukturen im ARAS. Daneben gehören zum ARAS Kerngebiete, die mithilfe des Neurotransmitters Acetylcholin indirekt über den Thalamus die Aktivität der Großhirnrinde steigern (ponto-mesencephalo-tegmentaler Komplex; s. Abb. 12). Die unspezifischen Teile des Thalamus erhalten ihre Eingangssignale aus den Kerngebieten des ARAS und stellen gewissermaßen sein „ausführendes Organ" dar, indem sie durch eine „Vorerregung" der Neurone der Großhirnrinde das Gehirn auf die schnellere Verarbeitung von Reizen vorbereiten und so Wachheit und Aufmerksamkeit regulieren. Der Thalamus ist es auch, der im Zusammenspiel mit dem ARAS entscheidet, welche Reize zu einer Weckreaktion führen. Eine Mutter mag bei der kleinsten Regung ihres Kindes wach werden, die ankündigt, dass es sie braucht, während der Familienrottweiler und der Ehemann ruhig weiterschlafen. Bei einem Geräusch an der Tür sind Hund und Halter dagegen sofort hellwach, während die Mutter sorglos weiterschläft.

Als Gegenspieler zum ARAS verwenden Neurone im Kerngebiet des Ncl. praeopticus lateralis (VLPO, Hypothalamus) den Neurotransmitter GABA, um Schlaf zu induzieren und die Kerngebiete des ARAS zu hemmen, sodass die Bewusstseinszustände „Schlafen" und „Wachsein" nicht gleichzeitig auftreten können. Läsionen des VLPO führen zu Schlaflosigkeit, während eine Stimulation bei Versuchstieren Schlafzustände auslöst.

KAPITEL 9

# BEWUSSTSEIN

Im Kapitel über Wahrnehmungspsychologie haben wir eine Ahnung davon bekommen, wie komplex die neuronalen Schaltkreise sind, die ein elektrisches Signal durchlaufen muss, ehe es mithilfe der Nervenzellen, die das Gedächtnis bilden, eine psychische Reaktion, beispielsweise eine Emotion wie Wut oder Angst, hervorruft. Wir haben gesehen, wie das motorische System daraufhin eine Muskelaktivierung hervorbringt, die wir als Verhalten beobachten können. Wenn es sich um komplizierte Reizlagen handelt, springt das Präfrontalhirn ein und hilft bei der Entscheidungsfindung, steuert Erregung und Emotion und wählt adaptiv Verhaltensweisen aus, die in der aktuellen Reizlage die größte Befriedigung von Bedürfnissen versprechen. Wir haben auch verstanden, wie das Gehirn vergangene Erfahrungen und Entscheidungen für den Abgleich mit zukünftigen Reizlagen speichert. Daraus entstehen Motorprogramme, d.h. Verhaltensketten, die automatisch in bestimmten Reizlagen abgespult werden.

Man könnte sagen, wir haben ein ziemlich gutes Verständnis für die biologischen Grundlagen der Psyche eines Hundes bekommen. Aber bisher haben wir uns um eine Frage gedrückt, vielleicht um die interessanteste Frage der Neurowissenschaft: Wie wird aus einem elektrischen Signal im Gehirn die „Bewusstheit" um diesen Reiz? Wie entsteht das innere Erleben eines Geräusches, einer Emotion, von Hunger, Durst und Kälte? Und können Hunde die äußere Welt und ihre inneren Zustände überhaupt bewusst erleben? Fühlen Hunde Schmerz, Wut und Hunger? Sind sie sich des Rivalen, der an ihrem Gartenzaun markiert hat, bewusst? Erkennen sie ihn bewusst wieder, wenn sie ihn auf dem Spaziergang treffen? Treffen sie bewusste Entscheidungen? Oder sind sie komplexe biologische Maschinen, die lediglich aus Reiz-Reaktionsketten bestehen, ohne dass in ihnen eine Bewusstheit für die Umwelt entsteht, deren Reize sie wahrnehmen und auf die sie reagieren?

Lange Zeit dachte man, Bewusstsein wäre eine ausschließlich menschliche Eigenschaft, die in der Evolution zusammen mit der Sprache quasi sprunghaft entstanden sei, als sich das menschliche Präfrontalhirn überproportional weiterentwickelte. Der berühmteste Vertreter der Überzeugung, dass Tiere nur Automaten ohne Bewusstsein sind, war René Descartes (1596–1650). Mit der verbreiteten Anerkennung von Darwins Evolutionstheorie, die die Kontinuität von biologischen Strukturen wie dem Gehirn zwischen Mensch und Tier aufzeigte, geriet diese Ansicht ins Wanken, auch wenn selbst heute noch einige Philosophen und Wissenschaftler davon ausgehen, dass Sprache die Voraussetzung für Bewusstsein ist. Der Physiker, Philosoph und Neurowissenschaftler Christof Koch, der viele Jahrzehnte an den neurobiologischen Grundlagen des Bewusstseins geforscht hat, geht wie viele andere Neurowissenschaftler und Neurobiologen davon aus, dass die Menge an wissenschaftlichen Befunden aus Evolutions- und

Verhaltensstudien völlig vereinbar damit ist, dass Säugetiere das, was sie hören, sehen und fühlen, auch „erleben". Sie verfügen über dieselben neurobiologischen Strukturen, die der Mensch nutzt, um Bewusstsein hervorzubringen.

Um zu verstehen, wie Bewusstsein entsteht, haben sich Neurobiologen auf die Suche nach den neuronalen Korrelaten des Bewusstseins gemacht, nach jenen Nervenzellen, deren Aktivität direkt und messbar mit dem bewussten Erleben zusammenhängt. Wir haben im Kapitel über das Hören gesehen, dass die Aktivität der Nervenzellen im primären auditorischen Cortex direkt zusammenhängt mit den Eigenschaften eines Geräusches (Frequenzen, Lautstärke und Richtung), das einem Versuchstier präsentiert wird. Die neuronale Aktivität in den primären sensorischen Arealen der Großhirnrinde bildet also die Eigenschaften eines Reizes in der Umwelt in codierter Form direkt ab. Mit anderen Worten, ein Gewehrschuss aus der Richtung direkt hinter dem Hund in 100 m Entfernung wird eine vorhersagbare Aktivierung in seiner Hörrinde auslösen. Gesucht werden jedoch jene Zellen, die einen unmittelbaren Zusammenhang ihrer Aktivität mit dem aufweisen, was dem Versuchstier gerade bewusst ist, mit dem mentalen Ereignis, dem, was es denkt und fühlt. Wir müssen Zellen finden, die auf die mentale Repräsentation des Schusses im Bewusstsein des Hundes schließen lassen und auf die Angst, die er dabei empfindet. Jede mentale Zustandsänderung muss mit einer Zustandsänderung in dem neuronalen Netzwerk einhergehen, welches das Bewusstsein hervorbringt. So müssten die für das Bewusstsein zuständigen Nervenzellen ihre Aktivität beispielsweise verändern, wenn sich der Hund erleichtert fühlt, weil er sein schützendes Auto erreicht hat. Die Aktivität dieses Netzwerks muss wiederum andere Netzwerke im Gehirn beeinflussen, damit „bewusste" Entscheidungen getroffen werden können. Sonst bliebe das Bewusstsein nur Zuschauer.

Diese Sichtweise verträgt sich nicht mit einigen (auch in der breiten Bevölkerung populären) Theorien über die Natur des Bewusstseins. Die Erkenntnisphilosophie beschäftigt sich seit der Zeit von Platon recht systematisch mit der Frage, ob es eine immaterielle Seele gibt, die vom Körper unabhängig überdauern kann. Die Frage an sich ist jedoch wesentlich älter. Archäologische Funde sprechen dafür, dass unsere Vorfahren schon vor 200 000 Jahren an ein Weiterleben, ein Bewusstsein, nach dem Tod glaubten. Der neurobiologische Ansatz geht dagegen davon aus, dass Materie der physische Träger des Bewusstseins ist und es hervorbringt. Ohne Materie existiert nach dieser Auffassung kein Bewusstsein.

## WARUM SIND HUNDE KEINE AUTOMATEN?

Wenn man dieses Buch bis hierher gelesen hat, ist zu Recht der Eindruck entstanden, dass Wahrnehmung und motorisches Verhalten ziemlich eng zusammenhängen und es keinen Vermittler wie Bewusstsein braucht, um beispielsweise auf einen Reiz, wie einen fliegenden Ball, angemessen zu reagieren, indem man ihn fängt. Solche teilweise recht komplexen, sensorgesteuerten Verhaltensweisen können auch moderne Roboter hervorbringen. Auch vegetative Reaktionen wie die Stressreaktion funktionieren über gut abgestimmte neuronale Funktionskreise automatisch, ohne dass sich jemand bewusst um seine Atmung oder Herzfrequenz kümmern muss. Niemand kann sich bewusst aussuchen, welche Emotion er fühlen möchte – könnte ich es, würde ich vermutlich viel häufiger „Freude“ wählen – oder wie erregt er sein will – in diesem Fall würde ich besonders beim Versuch, einen Mittagsschlaf zu halten, „entspannt und schläfrig“ wählen, kurz vor dem Training am Abend aber „wach und auf mittlerem Niveau erregt“. Gelingt mir oft nicht. Wollen wir diese Zustände beeinflussen, müssen wir indirekt vorgehen, unser Verhalten verändern, andere Umwelten aufsuchen und hoffen, dass sich dadurch die gewünschten vegetativen und emotionalen Reaktionen einstellen. Wir sind also ein Bündel automatischer Reaktionen und kommen damit im Alltag sehr gut zurecht. Wozu hat sich dann Bewusstsein in der Evolution überhaupt entwickelt? Wäre es nicht einfacher, keine bewussten Entscheidungen treffen, Schmerzen, Angst, Hunger und Durst nicht erleben zu müssen, sondern nur automatisch auf diese Reize zu reagieren? Man wäre beim eigenen Tod – allerdings auch beim vergnüglichen Teil der Fortpflanzung – einfach nicht dabei.

Möglicherweise kommen einfache Organismen, die lediglich relativ wenig sensorischen Input aus ihren Sinnesorganen bekommen und denen nur einige einfache Reaktionen zur Verfügung stehen, tatsächlich ohne Bewusstsein aus. Mit steigendem Input durch eine Vielzahl von Sinnesorganen (Augen, Ohren, Nase, Zunge, Haut, etc.) und der Möglichkeit, mithilfe vielfältiger Organe zu reagieren (Augen, Ohren, Arme, Beine, Rumpf, Hals- und Gesicht, etc.), wird die Anzahl möglicher automatischer Verknüpfungen zwischen jeder erdenklichen Input-Output-Kombination rasch unüberschaubar. Wenn wir nur einmal daran denken, wie lange es dauert, bis ein Hund auf einen wiederholten sensorischen Input („Sitz") zuverlässig, d. h. automatisch, mit einem motorischen Output („Hinsetzen") reagiert, der ihm dann in einer spezifischen Situation Vorteile verschafft („Futter"), wäre ein riesiges und nur recht langsam zu trainierendes System von automatischen Reaktionen die Folge. Wenn jetzt noch unterschiedliche Ziele (motivationale Zustände) miteinander in Konflikt geraten, bräuchte es einen weiteren Automatismus, der die in Konflikt stehenden automatischen Reaktionen koordiniert und Entscheidungen trifft, die für das Individuum in jeder denkbaren spezifischen Situation insgesamt vorteilhaft sind. Wäre es besser, sich hinzusetzen und Futter zu erhalten oder über die Straße zu laufen, um die läufige Hündin zu begrüßen und sich fortzupflanzen? Nach welchen Kriterien soll ein Automatismus das entscheiden? Was passiert, wenn jetzt sieben Jahre an widersprüchlichen biographischen Erfahrungen hinzukommen, die in die Entscheidung einbezogen werden müssen? Die Menge an neuronalen Schaltkreisen und Nervenzellen, die für solche Berechnungen nötig wäre, und damit der Schädel, in dem sie Platz finden müssten, wäre riesig und das System wäre wenig flexibel. Das heißt nicht, dass so ein Organismus nicht vorstellbar wäre. Stattdessen hat sich jedoch in der Evolution der Nervensysteme eine andere Strategie durchgesetzt. Neben automatischen Funktionskreisen, die sehr schnell und ohne bewusste Steuerung arbeiten, gibt es flexible, jedoch langsamer arbeitende Netzwerke, die eine bewusste Verarbeitung von Reizen und adaptive Entscheidungsfindung ermöglichen.

## DAS GELBE POSTAUTO

Wir haben gesehen, dass der Input durch die Sinnesorgane zu jedem beliebigen Zeitpunkt gigantisch ist. Um mit dieser Flut an Information umzugehen, wandelt das Gehirn sie in fortschreitenden Verarbeitungsstufen in Zusammenfassungen – Symbole – um. Nervenzellen in fortgeschrittenen Verarbeitungsstufen reagieren nicht mehr auf eine einzelne Frequenz (Ton), sondern auf zusammengesetzte Frequenzen (Geräusche eines Elektroautos) mit einer spezifischen Lautstärke und Bewegungsrichtung (sich dem Briefkasten nähernd). Nervenzellen in noch fortgeschritteneren Verarbeitungsstufen (Assoziationszentren) reagieren nur, wenn gleichzeitig auch eine bestimmte visuelle Information präsent ist (ein sich nähernder gelber Lieferwagen). Die komplexe Natur der Inputsignale wird reduziert auf das Symbol: „Ich höre und sehe ein Postauto." Die Symbole, die im Bewusstsein erlebt werden, heißen „Qualia" (ähnlich wie „Qualitäten"). Es sind die kleinsten Einheiten des subjektiven Erlebnisgehaltes eines mentalen Zustandes. Qualia bedeutet, dass es „sich auf bestimmte Weise anfühlt", Angst zu haben oder zu frieren oder die Farbe „Gelb" zu sehen. Die Aufgabe der Neurowissenschaft ist es, diejenigen neuronalen Netzwerke zu finden, die diese Qualia, diesen subjektiven Erlebnischarakter, codieren. Davon sind wir leider noch ein ganzes Stück entfernt.

## Entstehung von Bedeutung

Wie codiert das Gehirn Bedeutung? Woher weiß der Hund, dass ein Geräusch einer bestimmten Frequenz, Dauer und Lautstärke ein „Rückrufpfiff" ist?

Zunächst gibt es eine genetische Prädisposition, d. h. Säugetiere kommen mit gut entwickelten neuronalen Netzwerken zur Welt, die bestimmte Reize als „angenehm" und andere als „unangenehm" klassifizieren. Dies wird im Belohnungssystem vermittelt. Die entsprechenden Netzwerke entwickeln sich zunächst aus genetischen Vorgaben unter den eingeschränkten Umwelteinflüssen des Mutterleibes. Nach der Geburt wird mithilfe von Lernerfahrungen das Reizspektrum differenziert und erweitert, welches Lust- und Unlustgefühle entstehen lässt. Trinken an den Zitzen der Mutter wird beispielsweise von allen Welpen als angenehm erlebt, Schmerz als unangenehm. Diese vorgeburtlichen Zuschreibungen von Bedeutung wie „angenehm" und „unangenehm" dienen dem Überleben.

Die zweite Quelle von Bedeutung ist die Erfahrung. Von dem Zeitpunkt der Geburt an interagieren die Sinnesorgane des Hundes mit der Umwelt und sein Gehirn bringt daraufhin motorische Reaktionen hervor. Diese Milliarden von sensomotorischen Interaktionen in jeder Lebensstunde rufen Erwartungen hervor, die sein eigenes Verhalten mit Informationen, mit Bedeutung, füllen. Wenn der Hund die Augen bewegt, erwartet sein Gehirn, dass sich das Bild auf der Retina verschiebt und berechnet entsprechend, manchmal fälschlicherweise vorauseilend, das zu erwartende Bild. Wenn ein Schlittenhund vor den Trainingswagen gespannt wird, erwartet er, dass er eine schwere Last anziehen muss und spannt seine Muskeln entsprechend an – was zu einem explosiven Start führt, wenn das Seil nicht eingehängt war. Wenn der Hund sich an etwas anschleicht, weiß er aus Erfahrung, dass er vorsichtig sein muss, damit die Beute nicht vorzeitig aufschreckt und flieht. Die gespeicherten Erfahrungen der Vergangenheit werden vom Gehirn auf die Zukunft projiziert und verleihen den eigenen Handlungen einen bedeutungsvollen Rahmen.

Eine letzte Quelle von Bedeutung entsteht durch das Zusammenführen von sensorischen Inputs aus verschiedenen Sinnesorganen über Situationsverläufe und verschiedene Situationen hinweg. Ein Igel hat eine bestimmte Form, bewegt sich auf typische Weise, riecht typisch und seine Stacheln können stechen und einen Beutegreifer daran hindern, ihm in den Bauch zu beißen, solange er eingerollt ist. Eine Katze hinter einer Glasscheibe ist eine dreidimensionale Gestalt. Geht man um die Scheibe herum, kann man sie von hinten sehen und sich ihr nähern. Welpen können äußerst irritiert gucken, wenn sie hinter dem Fernseher nachsehen und dort niemanden vorfinden. Je mehr sensorische Input- und Outputsysteme ein Gehirn koordiniert, desto breiter ist das erlebte Spektrum an Bedeutungen im Vergleich zu einfacheren Nervensystemen, die weniger Assoziationen speichern. Je größer die neuronalen Netzwerke einer Spezies sind, desto bedeutungsvoller und reichhaltiger erlebt sie ihre Umwelt.

## Wie können Nervenzellen Bedeutung codieren?

Crick, einer der Entdecker der DNA, der sich seit den 1990er Jahren dem Rätsel um die neurobiologischen Grundlagen des Bewusstseins widmete, und sein Kollege Koch vermuten, dass Bedeutung durch die Verknüpfung von neuronalen Netzwerken erzeugt wird. Die Netzwerke, die die aktuellen Qualia hervorbringen (die subjektive Empfindung „gelbes Postauto"), erregen durch ihre Aktivität weitere Netzwerke, die Konzepte wie „Briefträger", „Futter" und „Freude" codieren. Diese assoziierten Netzwerke sind selbst noch nicht vollständig aktiv, erzeugen aktuell keine volle „Bewusstheit", sind aber auch nicht mehr inaktiv. Sie erzeugen einen „halbschattigen" Bereich – Crick und Koch nennen es das „Penumbra" – um die aktuell bewusstseinserzeugenden Netzwerke herum. Ihre Inhalte sind leicht ins Bewusstsein zu bringen.

Wer das subjektiv erleben möchte, schaut sich in seiner Umgebung um und beantwortet ungefähr zehn Fragen vom folgenden Typ: Welche Farbe hat die Zimmerdecke? – Weiß. Welche Farbe hat die Wand? – Weiß. Welche Farbe hat die Heizung? – Weiß. Anschließend beantwortet man sich die Frage: Was trinkt die Kuh? Die Antwort ist natürlich „Wasser". Dennoch ist ein weißes, mit einer Kuh assoziiertes Getränk im Halbschatten des Bewusstseins aufgetaucht und diesem jetzt leichter zugänglich als die biologisch richtige Antwort. Dieser Vorgang heißt „Priming".

Diese Annahmen von Crick und Koch bedeuten, dass ein Gehirn mit stark zusammengefassten (symbolhaften) und teilweise hoch abstrakten Repräsentationen von Sinnesreizen inhaltsreichere und bedeutungsvollere Qualia erzeugt als ein einfacheres Gehirn mit weniger expliziten Repräsentationen, weil es über mehr Potenzial für reichhaltige Assoziationen verfügt. Daher kann man annehmen, dass

Menschen mit ihrer – durchaus unterschiedlichen und von der Intelligenz abhängigen – Fähigkeit zum abstrakten Denken reichhaltigere Bedeutungen erleben als Hunde. Das bedeutet auf der Ebene der neuronalen Netzwerke, dass diese beim Menschen größer, ausgedehnter und weitreichender sein müssen als jene von beispielsweise Hunden.

## Der Ort des Bewusstseins im Gehirn

Der präfrontale Cortex (PFC) des Menschen macht 30 % des Cortexvolumens aus, beim Affen sind es 10,5 %, beim Hund immerhin 7 %, bei der Katze 3,5 %. Dieser Hirnteil ist zuständig für die Handlungsplanung und die Ausführung von willkürlichen Bewegungen. Dafür bekommt er Informationen aus den sensorischen Arealen des Cortex, die ihn über die aktuelle Umwelt informieren, und holt sich Informationen aus dem Langzeitgedächtnis. Der PFC gleicht also die aktuelle Reizlage mit vergangenen Erfahrungen ab. Um Entscheidungen zu treffen, manipuliert er wichtige Teile dieser Informationen im Arbeitsgedächtnis und moduliert Impulse, Erregung und Emotionen.

Crick und Koch vermuten, dass der PFC über spezifische Neuronenpopulationen verfügt, die jeweils in konzertierter Zusammenarbeit mit Neuronengruppen in den sensorischen Cortexarealen und Schleifen zum Thalamus das neurologische Korrelat für Bewusstsein bilden. Bewusstsein entstünde auf diese Weise wie ein Orchester eine Sinfonie erzeugt: Jedes Instrument (jede Cortexregion) spielt seine eigene Melodie. Sorgt nun ein Dirigent dafür, dass alle demselben Takt folgen, entsteht aus dem Zusammenspiel etwas Neues, das über jede einzelne Melodie hinausgeht: eine subjektive Bedeutung.

## ZWEI FRAGEN ZUM BEWUSSTSEIN

Da wir als Menschen uns unseres Bewusstseins bewusst sind, haben wir eine Alltagsvorstellung davon entwickelt, wie es funktioniert. Es erscheint uns, als könnten wir willentlich steuern, welche Inhalte in unserem Bewusstsein auftauchen, indem wir unsere Aufmerksamkeit gezielt auf einen Gedanken, eine Empfindung oder einen Reiz lenken. Tatsächlich ist es ziemlich schwierig, sich längere Zeit auf denselben Inhalt zu konzentrieren, z. B. auf die Auf- und Abbewegung des eigenen Bauches bei der Atemmeditation. Stattdessen tauchen plötzlich und unerwartet ständig Ablenkungen im Geist auf: die Schritte des Partners, der durch den Flur geht, das Bellen der Hunde im Garten, das Zwitschern von Vögeln, die Gedanken an die bevorstehende Steuererklärung, das Jucken zwischen den Schulterblättern. Offenbar gelangt ziemlich viel in unser Bewusstsein, ohne dass wir uns willentlich dafür entschieden haben, und es ist schwierig, diese Inhalte zu stoppen, und bedarf jahrelangen Trainings, um die Konzentration zu entwickeln, derartigen Ablenkungen zu widerstehen. Wie funktioniert also das Bewusstsein?

### Ist Bewusstsein ein kontinuierlicher Strom?

Während wir also dasitzen und versuchen, uns nur auf unseren Atem zu konzentrieren, entsteht der Eindruck, als wäre unser Bewusstsein ein Strom von Eindrücken und Empfindungen. Wir erleben die innere und äußere Welt als kontinuierlich und nahtlos. Aber könnte die bewusste Wahrnehmung auch eine Reihe von Schnappschüssen sein, die sich wie im Film aneinanderreihen und nur durch ihre schnelle Abfolge die Illusion von Kontinuität erzeugen? Ist jeder Eindruck in unserem Bewusstsein an sich statisch? Wenn dies so wäre, müssten die Neuronennetzwerke, die das neuronale Korrelat des Bewusstseins bilden, sich mit einer bestimmten Regelmäßigkeit ein- und abschalten. Die meisten neuronalen Netzwerke im Gehirn tun das nicht, sondern bauen Erregung kontinuierlich auf und verebben wieder. Die gesuchten Netzwerke für das Bewusstsein könnte man dann an ihrem periodischen Verhalten erkennen. Psychologische, physiologische und klinische Daten sprechen für diese These der diskreten Wahrnehmung, wobei jeder Schnappschuss zwischen 20–200 ms andauern kann. Wir wären damit zu 5–50 verschiedenen Bewusstseinseindrücken pro Sekunde fähig. Fallen zwei Ereignisse in dieselbe Periode eines Schnappschusses, werden sie als gleichzeitig erlebt, fallen sie in unterschiedliche Perioden, werden sie als aufeinanderfolgend wahrgenommen. Ein vielversprechender Kandidat für das physiologische Korrelat dieses periodischen An- und Abschaltens der bewusstseinserzeugenden Neuronenverbände scheint die Hirnwellenaktivität im α-Band mit 8–12 Hz (Schwingungen pro Sekunde). Auch Hundehirne zeigen Aktivität im α-Band (und analog zum Menschen und seinen Bewusstseinszuständen auch in den anderen Frequenzbändern). Tatsächlich werden EEG-Ableitungen auch bei Hunden genutzt, um Veränderungen ihrer Bewusstseinszustände (Krampfanfälle, Schlaf, Sedation, Anästhesie) zu erforschen.

Der Neurologe Oliver Sacks, der für seine unterhaltsamen Bücher über die erstaunlichen Phänomene, die Patienten mit Hirnschädigungen erleben, berühmt wurde, beschrieb ein Phänomen, das er als „Film-Illusion" bezeichnete. Es kann bei migränebedingten Sehstörungen auftreten. Zeit und Raum erscheinen dem Patienten gebrochen, Bewegung wird nicht als Kontinuum erlebt, sondern als Folge von unzusammenhängenden Momentaufnahmen. Eine Person erscheint an einer Stelle im Raum und gleich darauf an einer anderen in einer vollkommen anderen Haltung, ohne dass dazwischen eine kontinuierliche Bewegung stattgefunden hätte. Die Wahrnehmung der Welt ist zersplittert und erstarrt wie in einer Disko unter Stroboskoplicht.

Auch das unterschiedliche Erleben von Zeit lässt sich so erklären. Manchmal rast die Zeit und wir fragen uns, wo sie geblieben ist, manchmal kriecht sie dahin und will scheinbar nicht verstreichen. Das Erleben der Zeit könnte mit der Rate zusammenhängen, mit der die Schnappschüsse auftauchen. Dauert ein Schnappschuss länger an, können weniger Eindrücke pro Sekunde erlebt werden. Äußere Ereignisse erscheinen dann subjektiv kürzer, die Zeit verstreicht schneller. Dies ist beispielsweise der Fall, wenn äußerste Konzentration aufgebracht wird, z. B. bei Flow-Erlebnissen im Rahmen von Musizieren, Windsurfen oder Klettern. Werden die Schnappschüsse dagegen kürzer, werden mehr bewusste Momente pro Sekunde erlebt und die Zeit verlangsamt sich (Zeitdehnung). Dies tritt auf in Zusammenhang mit Unfällen oder anderen überwältigenden Ereignissen, bei denen in kürzester Zeit scheinbar viel passiert und viele Details wahrgenommen und verarbeitet werden.

## Gibt es zwei Bewusstseine in einem Körper?

Das Gehirn ist – wie große Teile des Körpers auch – ein symmetrisch gebautes Organ mit zwei Großhirnhälften, zwei Hippocampi, zwei Amygdalae, zwei Thalami, zwei Sätzen Basalganglien und so fort. Nur die Zirbeldrüse (Epiphyse) und die Hypophyse sind jeweils in der Mitte des Gehirns unpaarig angelegt. Schon vor über 2 000 Jahren sahen Anatomen in der Zirbeldrüse ein Organ, das den Gedankenfluss oder den Fluss der Erinnerung kontrolliere. Der Philosoph Descartes, welcher den Sitz des als ungeteilte Einheit erlebten Bewusstseins im Gehirn suchte, vermutete daher, dass die Zirbeldrüse der Sitz der Seele, also des Bewusstseins, sei. Das ist mittlerweile widerlegt. Die Zirbeldrüse ist wie die Hypophyse eine endokrine Drüse im Gehirn, die mithilfe neurosekretorischer Zellen das Hormon Melatonin produziert und freisetzt. Auf diese Weise beeinflusst sie den Schlaf-Wach-Rhythmus und andere Rhythmen des Körpers. Der Hypothalamus ist ebenfalls eine neuroendokrine Struktur, die mithilfe diverser Hormone körperliche Zustände (Atmung, Blutdruck, Puls, Verdauung, Sexualität etc.) beeinflusst. Beide eignen sich also nicht dafür, das neurologische Korrelat des Bewusstseins zu bilden. Dagegen hat eine Reihe von Beobachtungen an Patienten die Frage aufkommen lassen, ob es sich bei „dem" Bewusstsein nicht vielmehr um „die" Bewusstseine handelt. Ob nicht jede Hirnhälfte ihr eigenes Bewusstsein hervorbringt und das ungeteilte Bewusstsein eine Illusion ist, die von der dominanten Hirnhälfte erzeugt wird.

Bei gesunden Säugetieren sind die Großhirnhälften über den Balken miteinander verbunden. Dort kreuzen Axone von der linken Hirnhälfte zu ihren Zielzellen in die rechte Hirnhälfte und umgekehrt. Der Balken ist also eine Datenautobahn, über die beide Großhirnhälften kommunizieren. Vor dem Balken sitzt eine kleinere Datenlandstraße, die Commissura anterior (s. Abb. 2, beim Hund Commissura rostrum). Auch hier kreuzen Axone aus beiden Großhirnhälften in die jeweils andere. Andere, weniger wichtige Verbindungen verbinden die Hälften des Mittelhirns (Commissura posterior) und des Hirnstammes. Wir haben im Kapitel zur Wahrnehmungspsychologie gesehen, dass die sensorische Information aus den Sinnesorganen zum Teil zunächst nur in eine Großhirnhälfte gelangt und dort verarbeitet wird, ehe sie mit der verarbeiteten Information aus der anderen Hälfte zusammengeführt wird. Das geschieht, bevor diese Informationen ins Bewusstsein gelangen, sodass wir gar nicht bemerken, dass wir mit einer Hirnhälfte nur die Hälfte der Welt sehen können. Wir bemerken auch nicht, dass jede Hirnhälfte nur die Muskeln der gegenüberliegenden Körperhälfte steuert, sondern haben einen ganzheitlichen Bewegungseindruck. Wir wundern uns jedoch vielleicht über die Schwierigkeiten in der Koordination beider Hirnhälften, wenn wir z. B. versuchen, ein beidhändiges Musikinstrument wie Gitarre oder Klavier zu spielen. Menschen haben in der Regel eine dominante Hirnhälfte. Diese äußert sich in der Händigkeit, aber auch in der Lage des Sprachzentrums. Bei mehr als 9 von 10 Menschen liegen die Sprachzentren in der linken Hirnhälfte, die häufig auch die dominante ist. Nur die linke Hemisphäre kann sprechen und sich der Umwelt mitteilen. Die rechte Hirnhälfte ist stumm. Auch Säugetiere wie Katzen, Ratten und Affen wurden in Bezug auf ihre Hemisphärendominanz untersucht. So reagieren Ratten z. B. schneller und mit weniger Fehlern, wenn ihr rechtes Auge (verarbeitet durch die gegenüberliegende linke Hirnhälfte) trainiert wird, einen Weg durch ein Wasserlabyrinth zu finden, als wenn ihr linkes Auge (rechte Hirnhälfte) trainiert wird.

Wenn man die Verbindungen zwischen den Großhirnhälften trennt, überleben Versuchstiere und Menschen diesen Eingriff, der seit den 1940er Jahren bis heute bei schweren Epilepsien durchgeführt wird, um die Ausbreitung der Krampfanfälle im Gehirn zu begrenzen. Sie werden danach als Split-Brain-Patienten bezeichnet und verhalten sich im täglichen Leben erstaunlich unauffällig. Auch ihre Persönlichkeit unterscheidet sich nicht von dem Zustand vor der Operation. Sie können hören, sehen, sprechen und interagieren mit Sozialpartnern wie gewohnt. Offenbar bemerken sie keine Veränderungen in ihrer Selbst- und Umweltwahrnehmung oder ihrem Bewusstsein.

Der Nobelpreisträger Roger Sperry führte in den 1950ern und 1960ern Beobachtungen an Fröschen, Nagern, Katzen und Affen durch, deren Verbindungen zwischen den Großhirnhälften durchtrennt worden waren. Man kann danach einer Hemisphäre ein Reaktionsverhalten auf einen Reiz beibringen, während die andere Hemisphäre eine andere Reaktion auf denselben Reiz lernt, wobei sich selbst eine widersprüchliche Reaktion zur ersten eintrainieren lässt. So konnte er zeigen, dass diese Tiere tatsächlich zwei „Geister“ (minds) besaßen.

Was dies bedeutet, lässt sich am besten durch Versuche am Menschen verstehen. Die beiden Großhirnhälften haben zum Teil unterschiedliche Funktionen. Wir haben gesehen, dass nur die dominante (meistens linke) Hemisphäre sprechen kann. Auch das Sprachverständnis ist in der dominanten, linken Hemisphäre besser ausgeprägt. Allerdings kann die rechte Hemisphäre singen und über körpersprachliche Signale (Zeigegesten, Kopfbewegungen) kommunizieren. Sie mag vielleicht nicht so sprachbegabt sein, aber dafür ist sie besser bei räumlichen Aufgaben, Vorstellungsvermögen und visueller Aufmerksamkeit. Sie erkennt auch besser Gesichter. Durchtrennen wir nun die Verbindung zwischen beiden Hirnhälften und erinnern uns, dass alles, was aus der linken Körperhälfte und dem linken Sehfeld wahrgenommen wird, von der rechten Hirnhälfte verarbeitet wird und umgekehrt. Hinter einem Sichtschirm verborgen, sodass unser Split-Brain-Patient es nicht sehen kann, geben wir ihm einen Gegenstand in die rechte Hand, z. B. einen Hammer. Dieser wird von seiner linken – sprachfähigen – Hemisphäre verarbeitet und erkannt. Fragt man den Patienten, was er in der Hand hat, kann er korrekterweise „einen Hammer" sagen. Er legt den Hammer beiseite und wir geben ihm nun ein Messer in die linke Hand. Die sensorischen Signale werden jetzt von der rechten – stummen – Hemisphäre verarbeitet. Wieder fragen wir, was er in der Hand hat. Er kann es nicht sagen. Zeigen wir ihm aber eine Tafel mit Bildern, zeigt seine linke Hand auf das Bild eines Messers. Mit der von der linken, sprachfähigen Hirnhälfte gesteuerten rechten Hand kann er jedoch nicht zeigen, welchen Gegenstand er in der linken Hand hatte, weil diese Hemisphäre keine Information darüber bekommen hat, was sich auf der linken Körperhälfte abgespielt hat. Jetzt fragen wir unseren Patienten, warum er gerade auf dieses Bild mit der linken Hand gezeigt hat. Er kann es nicht sagen, „er" weiß nicht, warum sich seine linke Hand so verhalten hat. Vielmehr weiß es die sprachbegabte linke Hemisphäre nicht, mit der wir gerade sprachlich kommunizieren. Statt das jedoch zuzugeben, wird der Patient eine Geschichte erzählen (konfabulieren) und eine erfundene Erklärung präsentieren, um sich sein merkwürdiges Verhalten zu erklären. In einer von Viktor Mark, einem Neurologen, geschilderten Episode wurde der innere Kampf beider Hemisphären, der gelegentlich in Split-Brain-Patienten tobt, sichtbar. Eine Patientin wurde gebeten, zu berichten, wie viele epileptische Anfälle sie seit dem letzten Gespräch erlebt habe. Ihre rechte Hand hielt daraufhin zwei Finger hoch. Die linke Hand griff jedoch nach der rechten und drückte die Finger herunter. Nach einigem Ringen und einer längeren Pause hielt sie schließlich an der rechten Hand drei Finger und an der linken einen Finger in die Höhe. Darauf angesprochen sagte sie, ihre linke Hand (stumme, rechte Hemisphäre) mache sich oft selbstständig. Zwischen beiden Händen entwickelte sich ein Streit, was zunächst komisch aussah, bis die Patientin frustriert in Tränen ausbrach. Andere Patienten berichten ähnliche Episoden, z. B. dass die eine Hand ein gerade von der anderen Hand zugeknöpftes Hemd wieder aufknöpft. Eine andere von Marks Split-Brain-Patientinnen hatte ein Gehirn, bei dem beide Hemisphären sprechen konnten. Dies führte dazu, dass es zu einem ständigen Hin und Her zwischen ihnen kam. Die Patientin sagte z. B., dass sie in ihrer linken Hand kein Gefühl habe. Mark wiederholte ihre Aussage, woraufhin sie beharrte, ihre linke Hand sei nicht taub, gefolgt von einer Folge von „Doch“ – „Nein“ – „Doch“-Aussagen, bis sie schließlich verzweifelt „Ich weiß nicht!“ ausrief.

Offenbar gibt es also zwei Bewusstseine in Säugern mit geteilten Hemisphären, möglicherweise auch in gesunden Individuen. Schon Goethe klagte: „Zwei Seelen wohnen, ach! in meiner Brust, die eine will sich von der andern trennen.“ Es deutet vieles darauf hin, dass er im wörtlichen Sinne Recht hatte. In gesunden Individuen einigen sich entweder beide Bewusstseine auf ein einheitliches Vorgehen oder die eine, oftmals die dominante, sprachbegabte Hemisphäre, unterdrückt das Bewusstsein und die Wahrnehmungen der anderen Hälfte. Ein ähnliches Phänomen gibt es beim binokularen Sehen, bei dem die Doppelbilder unterdrückt werden, indem die Bilder des dominanten Auges sich durchsetzen. Sperry schrieb 1974 in seinem Artikel in der Zeitschrift Neuroscience über die laterale Spezialisierung von chirurgisch getrennten Hemisphären: „Obwohl sich einige Autoritäten gesträubt haben, der abgetrennten nicht-dominanten Hemisphäre Bewusstsein zuzusprechen, sind wir aufgrund einer großen Zahl und Bandbreite von non-verbalen Tests der Ansicht, dass die nicht-dominante Hemisphäre in der Tat über ein eigenständiges Bewusstsein verfügt, dass sie wahrnimmt, denkt, sich erinnert, Schlüsse zieht, einen eigenen Willen und Emotionen hat, all dies auf einem typisch menschlichen Niveau, und dass beide, die linke und die rechte Hemisphäre, gleichzeitig unterschiedliche, sogar widersprüchliche geistige Erfahrungen, die parallel laufen, bewusst erleben können“ (zitiert nach Koch, 2014: Bewusstsein – ein neurobiologisches Rätsel, S. 319).

Insofern sich dies auf Hunde übertragen lässt, hätte ich es als Hundehalter nicht nur mit der Beziehung zu einem Hund, sondern eigentlich zu zwei Hunden zu tun, die über denselben Reiz ganz unterschiedlich fühlen und denken können. Wobei dieses „Ich“ ja auch eigentlich ein „Wir“ aus meiner eigenen rechten und linken Hirnhälfte ist. Da wären wir schon zu viert statt zu zweit. Was für ein Chaos, wenn man mehr als einen Hund hat, vielleicht sogar noch einen Partner und Kinder! Glücklicherweise merken wir im Beziehungsalltag mit Hunden und anderen Menschen davon nur manchmal etwas.

Bei psychischen Erkrankungen kann das Wissen um das geteilte Bewusstsein jedoch für das therapeutische Vorgehen ausschlaggebend sein. Pferdetrainer wissen, dass Pferde aufgrund der schlechten visuellen Koordination zwischen den Hirnhälften von beiden Seiten an angstauslösende Reize herangeführt werden müssen, damit sie die Scheu davor ablegen. Eine von Dr. Francine Shapiro entwickelte Technik der Traumatherapie, das EMDR (Eye Movement Desensitization and Reprocessing, deutsch etwa: Augenbewegung, Desensibilisierung und Neuverarbeitung), wirkt vermutlich durch die Stimulation beider Hirnhälften, wodurch ihr Austausch untereinander angeregt und harmonisiert wird. Vielleicht profitieren sogar verhaltenstherapeutische, körperpsychotherapeutische und andere nonverbale Therapiestrategien auch bei anderen Tierarten als Pferden und beim Menschen davon, wenn sie beidseitig ausgeführt werden, sodass beide Hirnhälften stimuliert werden und die gleiche Chance zur Gewöhnung und Auseinandersetzung mit Reizen bekommen.

Was es darüber hinaus für die Vorstellung vom „Ich" bedeutet, eigentlich über (mindestens) zwei Bewusstseine („Ichs") zu verfügen, die gelegentlich in Streit und Konkurrenz zueinander geraten, wie sich beide kennenlernen und zu einer harmonischeren Beziehung miteinander finden können und wer „Ich" dann eigentlich ist (oder sind), ist ein weites philosophisches Feld, das zu entdecken ich an dieser Stelle Ihnen überlassen möchte.

# SERVICE

## QUELLEN UND LITERATUREMPFEHLUNGEN


Allen, J. J., & Anderson, C. A. (2017). General Aggression Model. In P. Roessler, C. A. Hoffner, & L. van Zoonen (Eds.) International Encyclopedia of Media Effects. Wiley-Blackwell.

Bear, M. F., Connors, B. W., & Paradiso, M. A. (2008). Neurowissenschaften: Ein grundlegendes Lehrbuch für Biologie, Medizin und Psychologie. Heidelberg: Spektrum Akademischer Verlag.

Darwin, C. (2009). The Expression of the Emotions in Man and Animals. Original Edition. Penguin Classics. (Erstmals erschienen 1872).

Feddersen-Petersen, D. U. (2004). Hundepsychologie. (4. Aufl.). Stuttgart: Franckh-Kosmos Verlag.

Feddersen-Petersen, D. U. (2008). Ausdrucksverhalten beim Hund. Stuttgart: Franckh-Kosmos Verlag.

Gábor, A., Gácsi, M., Szabó, D., Miklósi, A., Kubinyi, E., Andics, A. (2020). Multilevel fMRI adaptation for spoken word processing in the awake dog brain. Scientific Reports, 10(1).

Gross, B., Garcia-Tapia, D., Riedesel, E., Ellinwood, N. M., & Jens, J. K. (2010). Normal Canine Brain Maturation at Magnetic Resonance Imaging. Veterinary Radiology & Ultrasound, 51(4): 361-373.

Herculano-Houzel, S. (2009). The human brain in numbers: a linearly scaled-up primate brain. Frontiers in Human Neuroscience, 3(31).

Hunter, R. G. (2012). Epigenetic effects of stress and corticosteroids in the brain. Frontiers in Cellular Neuroscience, 6(18).

Koch, C. (2014). Bewusstsein – ein neurobiologisches Rätsel. Heidelberg: Springer Spektrum.

Miller, E. P., & Murphy, C. J. (1995). Vision in dogs. Journal of the American Veterinary Medical Association, 207(12), 1623-1634.

Sacks, O. (1990). Der Mann, der seine Frau mit einem Hut verwechselte. Hamburg: Rowohlt Verlag.

Schandry, R. (2016). Biologische Psychologie. (4. Aufl.) Weinheim, Basel: Beltz Verlag.

Sommerfeld-Stur, I. (2016). Rassehundezucht. Stuttgart: Müller-Rüschlikon.

Stoffel, M. H. (2011). Funktionelle Neuroanatomie für die Tiermedizin. Stuttgart: Enke Verlag.

Strain, G. M., Tedford, B. L., & Jackson, R. M. (1991). Postnatal development of the brain stem auditory-evoked potential in dogs. American Journal of Veterinary Research, 52(3), 410-415.

Trepel, M. (2017). Neuroanatomie. Struktur und Funktion. (7. Aufl.). München: Elsevier.

## DER AUTOR

Robert Mehl ist Diplom-Psychologe und Kriminologe (M.A.). Seit 2016 ist er freiberuflich als Referent und Autor sowie Coach und Systemischer Berater tätig. Er ist Dozent bei dogument und D.O.G. People, mit Schwerpunkt auf den neurobiologischen Grundlagen von Lernen und Problemverhalten. Zudem absolviert er aktuell eine Ausbildung zum Psychologischen Psychotherapeuten (Schwerpunkt Verhaltenstherapie).

Robert studierte in Magdeburg, Tucson (Arizona, USA) und Hamburg und war anschließend Mitarbeiter an der Universität Magdeburg im Fachbereich Neuropsychologie mit dem Forschungsschwerpunkt „Neurobiologische Grundlagen von Aggression".

Mit therapeutischen Zusatzausbildungen als „Systemischer Berater und Familientherapeut" (DGSF) und für den „Professionellen Einsatz von Hunden in der Therapie" (dogument) arbeitete er als Psychologe und Systemischer Therapeut mit seiner von dogument zertifizierten Therapiehündin in einer Jugendanstalt mit jungen Straftätern und leitete zudem den Kriminologischen Dienst des Landes Sachsen-Anhalt. Anschließend arbeitete er in einer Praxis für Kinder- und Jugendlichen-Psychotherapie mit den Schwerpunkten Diagnostik, Familienberatung und Systemische Therapie.

Robert Mehl lebt mit seinem Mann John Mehl, Kinder- und Jugendlichenpsychotherapeut, und ihren vier Hunden Rambo, Ripley, Bones und Dr. No in Zöschen bei Halle (Saale).

# REGISTER

**Bildnachweis**
Mit 18 Illustrationen von Wolfgang Lang-Graf/Kosmos



**Impressum**
Umschlaggestaltung von Patrick Marc Sommer, Typoint unter Verwendung eines Farbfotos von Trio Bildarchiv/Tina Schäfer.

Mit 18 Illustrationen

Alle Angaben in diesem Buch erfolgen nach bestem Wissen und Gewissen. Sorgfalt bei der Umsetzung ist indes dennoch geboten. Der Verlag und der Autor übernehmen keinerlei Haftung für Personen-, Sach- oder Vermögensschäden, die aus der Anwendung der vorgestellten Materialien und Methoden entstehen könnten.



Gedruckt auf chlorfrei gebleichtem Papier


ISBN 978-3-440-16701-4
Redaktion: Alice Rieger
Gestaltungskonzept: Populaergrafik, Stuttgart
Gestaltung und Satz: DOPPELPUNKT, Stuttgart
Produktion: Nina Renz
Druck und Bindung: Friedrich Pustet GmbH & Co.KG, Regensburg
Printed in Germany / Imprimé en Allemagne

FSC
www.fsc.org
MIX
Papier | Fördert gute Waldnutzung
FSC® C014889